U0169264

干了这杯意大利

朱江 著

中信出版集团 | 北京

图书在版编目（CIP）数据

干了这杯意大利 / 朱江著 . —北京：中信出版社，2022.4

ISBN 978-7-5217-3420-1

I. ①干…　II. ①朱…　III. ①葡萄酒－介绍－意大利　IV. ① TS262.61

中国版本图书馆 CIP 数据核字（2021）第 152566 号

干了这杯意大利

著者：　朱江

出版发行：中信出版集团股份有限公司

（北京市朝阳区惠新东街甲 4 号富盛大厦 2 座　邮编　100029）

承印者：　鸿博昊天科技有限公司

开本：880mm×1230mm　1/32　　印张：9　　字数：200 千字

版次：2022 年 4 月第 1 版　　印次：2022 年 4 月第 1 次印刷

书号：ISBN 978–7–5217–3420–1　　审图号：GS（2021）8666 号

定价：69.00 元

服务热线：400–600–8099

投稿邮箱：author@citicpub.com

目录

前　言

我们现在所学习的葡萄酒文化当中，很大一部分内容来源于意大利这个拥有 4 000 多年葡萄酒历史的国家。意大利的葡萄酒和邻居法国的葡萄酒一直以来不相伯仲。

自从世界上有了葡萄酒，意大利和法国这两个国家在此领域的竞争，就好比三国时期的周瑜和诸葛亮、足球界的梅西和C罗，彼此是最强大的对手。但是从某种程度上来说，两个国家也是相互成全、共同提高的。

法国葡萄酒就像板凳上搁窝头——有板有眼，意大利葡萄酒则类似于醋缸里放冰糖——又酸又甜。

法国葡萄酒，对于葡萄的风土、产区、人文、品种都有非常严格的要求，各个产区早形成了自己独特的风格。

反观意大利，论起国土面积虽不及法国，但这个国家几乎每个地方都能够种植葡萄。这就导致意大利各产区之间相距非常近，酿造的葡萄酒在味道、风格等方面很相似。

在我国，人们对于意大利葡萄酒普遍有两种印象，第一印象是性价比高，这可能也是这些年意大利葡萄酒在我国的进

口量居高不下的原因之一；第二印象就是，意大利的葡萄酒似乎喝得越多越不明白，原因之一就是之前提到的各个产区之间距离非常近，酿造的葡萄酒味道、风格很相似。

人们常说“葡萄酒始于法国，终于意大利”，就是因为法国葡萄酒牌子大，刚刚接触葡萄酒的人基本上都会从它开始，而意大利葡萄酒比较复杂，一旦接触，就会在好奇心的驱使下不断探索它。

本书的目的，就是从各个角度对意大利葡萄酒以及产区做出形象化的介绍，尽可能地使读者在日后的品鉴当中能对其有一个清晰的认知，走出那个喝得越多越不明白的怪圈。

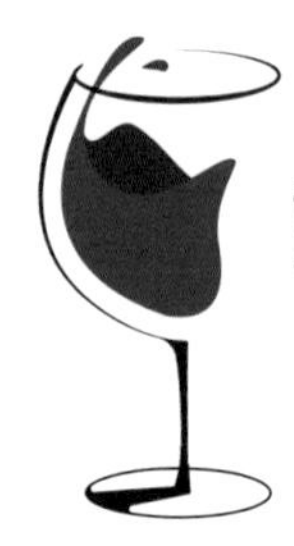

意大利葡萄酒概况以及八大王牌葡萄酒

意大利位于南欧亚平宁半岛上，整体气候类型比较复杂。因为它狭长的地形从北到南跨越了近10个纬度，受到了山脉和海洋的影响，所以小气候[①]之间区别很大。意大利北部靠近阿尔卑斯大雪山，属冬季寒冷、夏季炎热的大陆性气候。往南推进，从亚平宁半岛一直到意大利南部都属于地中海型气候，夏季炎热干燥，冬季温和多雨。

再来说说地形。意大利到处是山，山区的土壤以岩浆岩、火山岩居多，这种土壤的特点就是温度高。再加上意大利处于地中海中心，整个国家就好比一条伸入地中海的大长腿，所形成的地中海型气候特点依旧是高温。根据冷酸热甜的原理，当地的葡萄总体

---

① 由于下垫面的结构和性质不同，造成热量和水分收支差异，从而在小范围内形成一种与大气候不同的气候，统称小气候。

是偏甜的，尤其是意大利南部地区。

葡萄酒的酿制过程是酵母将葡萄中的糖分转化为酒精和二氧化碳，如果以偏甜的葡萄酿制，葡萄酒的酒精度会比较高，味道也会比较浓烈，这是葡萄酒的基本酿造原理。

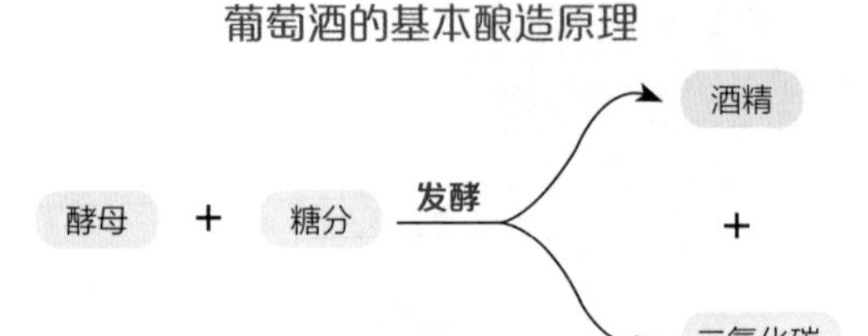

意大利的饮食，不论是比萨还是意大利面，主要是通过面粉加酵母发酵制作而成的。面团经酵母发酵后，因为其中的微生物会产生有机酸，所以这些食物会带有较为浓烈的酸味。

通常来讲，吃酸性的食物要配酸味的葡萄酒，而意大利如果仅仅依靠土壤和气候的条件，是不可能酿造出带酸味的葡萄酒的，这就对该国的酿酒师提出了非常高的要求——他们要能够使用具有甜味特点的葡萄酿造出酸味的葡萄酒来。这可真有点战天斗地、人定胜天的意思。

之所以说意大利的葡萄酒又酸又甜，原因之一是这里追求艺术感，酿起酒来没那么多条条框框的限制，就像加了柠檬的冰镇雪碧饮料一样，虽然大家都喜欢，但是谁也说不清楚它的味道究竟该如何划分；原因之二是使用含糖量高的葡萄酿制酸味葡萄酒，其发酵程度难以控制，糖分会在局部有残留，那可不就是又酸又甜吗?

最近这些年，法国和意大利这两个国家一直在葡萄酒领域争来争去，争啥呢? 说白了，就是为了个世界排名，它们都自认为在酿酒方面是天下第一。法国人曾说："法国葡萄酒向来比意大利葡萄酒昂贵！”当然，这从字面上理解并没错，但问题来了，卖得贵，就一定能证明它的葡萄酒好吗?

两国的顶级葡萄酒，在风土条件、酿造工艺、成本花费上各有各的道儿，其区别不在于质量，而在于风格。至于价格高低，那是由多重因素促成的，比如政治、文化、商业宣传、品牌效应等。

那意大利的顶级葡萄酒售价如何呢? 比起法国葡萄酒，它价格亲民，更容易被接受。法国的“镇国之宝”有罗曼尼康帝，有“五大名庄”，有干邑，有香槟，各个都有一长串说不完的传奇历史。法国的一瓶顶级葡萄酒卖到十几万元，甚至是几十万元，那都不足为奇。

意大利作为与法国地位相当的葡萄酒大国，也是一个拥有多样葡萄酒风格的国家，这个国家的葡萄酒，就是喝上

几年，也不一定能喝个明白。比起法国人在酿酒中的恪守传统，意大利人认为酿酒者的创意远比规矩重要，所以意大利的葡萄酒总是能时不时地带给人一些惊喜。

谈到意大利的酿酒历史，还得从公元前 27 年罗马帝国的崛起开始说起。据说罗马军队打仗的时候，士兵们会随身带着葡萄藤，走到哪儿种到哪儿，活下一株算一株。

罗马帝国崛起后，城中的贵族终日饮酒作乐，夜夜莺歌燕舞，葡萄酒也就成为罗马人的日常饮品。当然，它盛行的另一个原因是，那时即便是喝最差的葡萄酒，也要比直接喝水安全——从河里取上来就直接喝，太脏。

1 世纪之前，罗马人已经将木桶（可能不是橡木桶）用于葡萄酒的运输、存储和陈年，他们使用木桶装酒，贩运到当时罗马帝国的各个角落。

在19世纪至20世纪初，意大利葡萄酒并不像法国葡萄酒那样出彩，虽然它的产量比法国的高。那时在很多地方，它是低档葡萄酒的代名词，被称作“洗车酒”。

意大利葡萄酒之前每年的产量占全世界葡萄酒总产量的25%左右，要命的是随着第二次世界大战的爆发，这个国家被折腾得够呛，国内农田被大量弃耕，整个国家的农业陷入瘫痪状态，那还有酿葡萄酒的基础吗?

直到20世纪中期，美国的意大利移民才喝上了较酸的意大利葡萄酒，也是从那时开始，意大利葡萄酒产业才慢慢地恢复。目前，意大利的葡萄园基本是在20世纪六七十年代重新种植的，在这之前的葡萄园只保留了不到10%。

20世纪60年代以前，意大利葡萄园可不像今天这样，那时的葡萄园可以种植多种品种，管理很乱且缺乏地方特色。当时公认，意大利在国际葡萄酒市场上根本无法与法国相抗衡，毕竟法国当时已经有了AOC制度——明确规定某一产区的葡萄酒只能使用指定的若干葡萄品种酿制的等级制度，并且实行了30多年。

所以，从1963年起，意大利开始制定自己的分级制度，来回调整了3年，于1966年正式实施。起初，该分级制度只有DOC和VDT两个等级。其实这个分级制度就类似于法国的

AOC制度。

即便如此，意大利在国际葡萄酒市场依然不是法国的对手，至少在葡萄酒分级的精细程度上确实如此：法国仅波尔多的列级庄就分为5个等级，而意大利则“粗枝大叶”，只有两个等级，那能和法国酒业相抗衡吗？到1980年，意大利的相关部门增加了原地名控制保证葡萄酒，也就是DOCG等级；1992年，意大利又加入了地区餐酒，也就是IGT等级。

最低级别的葡萄酒就是VDT等级，泛指普通品质的意大利葡萄酒，在葡萄产地、酿造方式等方面受到的规定或限制不是很严格，且通常不灌装。如果你看到酒标上写了“VDT”的意大利葡萄酒，那就意味着该葡萄酒不会有任何产地说明。通俗地讲，这个级别的葡萄酒只要是在意大利的地盘儿上酿制的，且不会损害身体健康就可以。

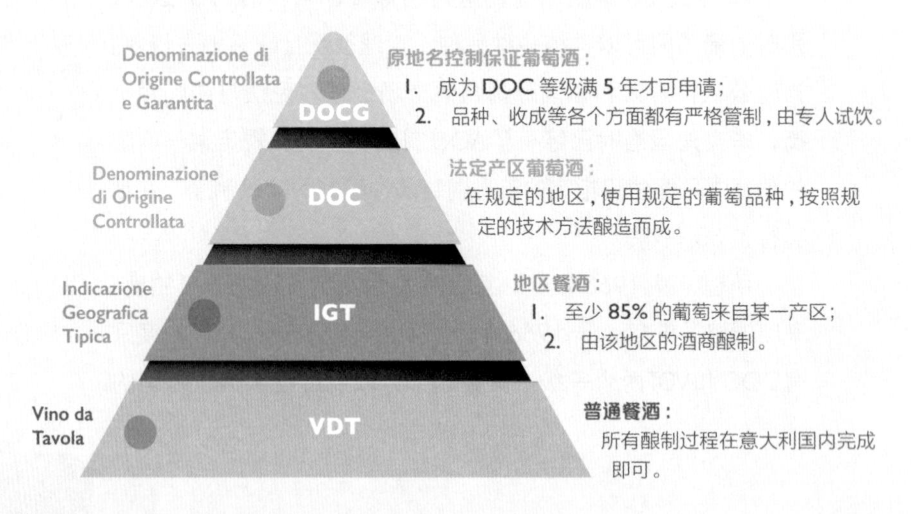

比VDT高一级的是IGT，指意大利某地区酿制的具有地方特色的餐酒。它对葡萄产地有一定的规定——要求至少85%的酿制葡萄来自所标定的产区，同时该葡萄酒必须由该地区的酒商酿制。

再高一级是DOC，至此，规矩逐渐繁复。DOC等级是指在规定的地区，使用规定的葡萄品种，按照规定的技术方法酿造而成的葡萄酒。

再往上就是DOCG等级，葡萄酒想达到这个等级并不容易，首先得在成为DOC等级之后满5年才有资格申请。这是意大利葡萄酒的最高等级，不但在葡萄品种、收成等各个方面都有严格限制，而且要由专人试饮。这种等级的葡萄酒进入消费市场必须是5升以下的瓶装，可以说DOCG等级的葡萄酒就是意大利的脸面。装门面的东西，那可得严格地筛选，再给好好打扮打扮。

意大利葡萄酒中属于DOCG等级的并不多，这主要是因为成为DOCG等级对葡萄酒来说既是荣誉，也是上了“贼船”。意大利葡萄酒，一旦达到这个等级，就等于把自己放到了风口浪尖上——原产地命名委员会每两年审查一次该等级的葡萄酒，审查维度有以下几个方面。

第一，该产区已经生产了历史上重要的葡萄酒；

第二，该产区生产的葡萄酒质量已经在国际范围内被认可，并且具有稳定性，即至少在过去两年中生产的葡萄酒质量十分稳定；

第三，该产区葡萄酒的质量有了巨大提升并且受到广泛

关注；

第四，该产区生产的葡萄酒已经为意大利的经济健康发展做出巨大贡献，也就是说该葡萄酒的销量得具有一定规模。

另外，在意大利，葡萄酒有四种命名方式。

第一种，通过其产地来命名，典型例子就是奇安蒂；

第二种，通过采用的葡萄品种来命名，这种品种商标是指酿制葡萄酒时所采用的葡萄 100% 是该品种；

第三种，通过葡萄品种和产地名称的结合来命名，比较常见的巴贝拉阿拉巴葡萄酒，就是在阿拉巴产区用 100% 的巴贝拉葡萄酿制的；

第四种，以说明其类别来命名，这是比较复杂的命名方式，需要具备一些意大利语的知识才能看明白。

Classico	经典，指产区传统的中心区域。
Riserva	珍藏，根据DOC等级要求具有更长的陈年期。
Vecchio	较老的，有选择性地储藏陈年；没有法定的最少陈年期。
Novella	博若莱新酒风格。
Secco	干性葡萄酒。
Amabile	半干性到半甜性的葡萄酒。
Abbocato	半干性葡萄酒。
Dolce	甜性葡萄酒。
Superiore	比法定最低酒精度至少高出1度。
Frizzante	微起泡葡萄酒。
Spumante	起泡葡萄酒。
Passito	由风干的葡萄酿制而成的甜型葡萄酒。
Recioto	由威尼托产区的风干葡萄酿制而成的甜型葡萄酒。
Amarone	采用威尼托产区的风干葡萄酿制的干型、酒精度较高的红葡萄酒。
Liquoroso	加强型的甜葡萄酒。

意大利葡萄酒的灌装方式也有好几种。

第一种，如果葡萄酒是在酒庄中灌装的，瓶上会注明“imbottigliato dal produttore all'origine”（在原产地由酒庄瓶装），酒标上通常会有生产商的名字，这与法国波尔多的“mis en bouteilles au chateau”（酒庄酿酒后，在酒庄内进行灌装）是一样的。

第二种，如果葡萄酒是由合作社或合作社组织灌装的，酒标上可能会出现“imbottigliato dalla cantina sociale”“imbottigliato dai produttori riuniti”（酒商灌装）一类的描述。

第三种方式是“Imbottigliato nella zona di phoduzione”（车间灌装），这是让买家知道，这款葡萄酒不是在酒庄中灌装的，而是在特定的DOC产区或DOCG产区法定范围内灌装的。

意大利有八大王牌葡萄酒，都具有悠久的历史，也经受住了市场的考验，是意大利葡萄酒中的佼佼者，让我们在后文一窥究竟吧！

意大利葡萄酒的八大王牌

小结

一、 气候

意大利的气候特点可以总结为北冷南热。

1. 意大利北部属于大陆性气候，冬季寒冷，夏季炎热。
2. 意大利南部属于地中海型气候，夏季炎热干燥，冬季温和多雨。

二、 地形

由于意大利之前是欧洲的火山地震带，因此以山地地形为主。

三、 葡萄酒风格

讲究艺术感，总体特点是高酸，酒精度偏高。

四、 分级制度

VDT 等级是普通餐酒，IGT 等级是地区餐酒，DOC 等级是法定产区葡萄酒，DOCG 等级是原地名控制保证葡萄酒。其中 DOCG 等级的葡萄酒会在酒瓶的“脖子”上挂个标签，那就是意大利葡萄酒的勋章。

Sicilia 西西里岛的黑珍珠

意大利从地图上看就像一只穿高跟鞋的脚踢出一个三角形，而踢出去的那个三角形，就是西西里岛。它虽然面积不大，却是意大利最古老的葡萄酒产区。这儿开始种植葡萄的时候，托斯卡纳、皮埃蒙特、威尼托这些地方还处于一片混乱之中，要么在没完没了地打仗，要么在闹“经济危机”。

大概在公元前1400年，这个岛上就已经有原住民了，主要是西库尔人、埃利米人和西坎尼人。约公元前9世纪，腓尼基人来了，占领了西西里岛的几个重要港口，如巴勒莫、锡拉库萨等。腓尼基人在历史上是非常著名的商业民族，说白了那就是一群生意人，而最容易产生贸易往来的地方就是港口。腓尼基人当然明白这个道理，所以他们一来，没干别的，先占领了海边的几个重要城镇。就这样，西

西里岛被腓尼基人控制后，就被迫对外开放。慢慢地，这里引进了很多舶来品，同时特产也跟着出岛了。但是，如此也带来了原住民的血统慢慢淡化的问题。和外界的贸易往来多了，人员的流动也就越来越频繁，西西里岛上的许多姑娘嫁到岛外去了，同时岛上也有不少小伙子从岛外娶媳妇儿，这事一多，原住民的血统就慢慢淡化了。

公元前700年前后，某一天，一些希腊传教士来到西西里岛，发现当地人整天只想着赚钱，这怎么可以呢？人怎么可以掉钱眼里面不出来呢？咱得给他们改造改造。从那以后，希腊传教士就开始在岛上宣讲哲学、人文、地理等方面的知识，反正就把自己肚子里知道的东西拼命地传授给别人。

往后100多年，通过希腊人的文化传播，西西里岛逐渐变成了一个有文化气息的小岛。并且，希腊人早些年从东欧闪米特人那里学到了葡萄酒酿造技术，也一并教给了西西里岛的居民，还带着当地人种了不少葡萄。从那时候起，西西里岛的葡萄酒产业就拉开序幕了。

起初，是希腊的“师傅”们带着当地人一点一点熟悉葡萄种植，他们学会后开始大规模普及，直到后来把葡萄酒变成了一种商品。当地人自己喝不算，还往外卖，增加了不少收入呢。

但是，有句话叫物极必反。公元前 264 年，第一次布匿战争爆发了，参战双方是罗马和迦太基。这场战争，要细说起来非常复杂，但是总的来说，双方就是为了抢地盘。西西里岛原是属于迦太基的，经此一役后，归入罗马了。

那时，欧洲人打仗有个臭毛病——屠城，而且战争时付出的代价越大，获胜后的屠城就越凶残。第一次布匿战争爆发之后，西西里岛便遭受了灭顶之灾，腓尼基人、希腊人之前建立的一切，付之一炬，连当时岛上仅存的那一点点原住民的血统，也彻底断了。

到了公元前 27 年，罗马帝国四处征战。不久，欧洲的地中海沿岸，甚至非洲北部（迦太基，今突尼斯）都归于其下。据说，罗马人的旧俗是先屠城，再种葡萄，久而久之，大家伙儿也就明白了——葡萄树栽种之处大多有过血光之灾。

在欧洲，每当人们去教堂听弥撒的时候，现场也备有葡萄酒，这是为什么呢？是因为在《圣经》里，耶稣曾说面包是他的肉，葡萄酒是他的血。那耶稣又为何将葡萄酒视作自己的血呢？他怎么不用凉白开呢？就是因为在早些时候，葡萄树是种在坟墓上的，所以用葡萄酒去洗刷罪恶非常有说服力。

因此，欧洲的葡萄酒是依靠罗马人早年的军事扩张才得以衍生的。罗马人的葡萄酒酿制技术源自何处？就是从西西里岛学来的。即便到了今天，西西里岛仍然是意大利国内葡萄酒

产量较大的地区之一，葡萄园覆盖面积超过 10 万公顷，每年的葡萄酒产量超过 5 亿升。

从古至今，西西里岛的葡萄酒，特别是原液[1]，都会大量运到意大利以北的欧洲各国。因为西西里岛的葡萄酒味道特别浓，经常用于和寒冷地区产的那些味道过于清淡的葡萄酒进行调和。

近几十年来，老实巴交的西西里岛人才意识到打造当地自有葡萄酒的重要性和长远性，意大利政府部门也给予了相当多的支持，出台优惠政策：缩减葡萄产量，提高产出质量，给予资金补助。所以，西西里岛的葡萄酒开始减产，并通过购置先进的酿造设备，采用精湛的酿造工艺，积累量变，终成质变。

今天，西西里岛葡萄酒不容小觑。当地很多葡萄品种被精心酿造后，可以达到惊人的效果，口感更是独特。许多国际葡萄品种也能在这里得到优越的成长——像梅洛（Merlot）、赤霞珠（Cabernet Sauvignon）、西拉（Syrah）等葡萄品种，

① 葡萄采摘下来之后发酵成的葡萄汁。

在这个地方都能找到，而且还发展得非常好。

西西里岛葡萄酒最突出的特点是味道浓烈、强劲，有丰富的果香和典型的香料味。当地最具代表性的葡萄品种当属黑珍珠（Nero D'Avola）。黑珍珠葡萄在西西里岛的东部、中部和西部都有种植——西西里岛的DOC等级葡萄酒一共有23款，其中13款含有黑珍珠葡萄——在国际市场上备受喜爱，堪称西西里岛葡萄酒的名片。黑珍珠葡萄的含糖量高，所酿的葡萄酒酒体厚重，是浓郁的红宝石色，有紫罗兰、樱桃、桑葚、甘草等香气，十分丰富。

西西里岛身为地中海第一大岛，也是意大利最大的葡萄酒产区，气候炎热干燥，而且岛内也是多山地、多丘陵的地形，是一个非常适合葡萄生长并且能够酿造出多重风格的葡萄酒产区。不过，现在的西西里岛因为当地的政治和人文等因素，葡萄酒发展速度确实比较缓慢，生产的大多是品质比较普通的地区餐酒。而在18世纪到20世纪，西西里岛曾经因为出产加强型烈酒马萨拉而成为国际知名的葡萄酒产区。

对于西西里岛来说，马萨拉葡萄酒一定是一颗藏不住的明珠。这种葡萄酒并未普及，但是与之相关的一种甜品却家喻户晓，很多人就算没吃过也应该见过——意大利的国宝级甜点提拉米苏，提拉米苏里面所加入的酒精饮品正是马萨拉加强型葡萄酒。

马萨拉葡萄酒也算是借助提拉米苏这种甜品，把自己的品牌给炒起来了，成了继葡萄牙的波特葡萄酒、西班牙的雪利葡萄酒之后，世界第三大加强型葡萄酒。

马萨拉葡萄酒酿造于18世纪，与其他加强型葡萄酒一样，最初是为了方便出口运输。根据不同颜色，马萨拉葡萄酒可分为以下三种：

金黄色：多使用格里洛（Grillo）、尹卓莉亚（Inzolia）及卡塔拉托（Catarratto）等白葡萄品种酿造。

琥珀色：同样使用白葡萄品种酿造，较深的颜色来自莫斯托·库托（Mosto Cotto）[①]。

红色：使用黑珍珠及马斯卡斯奈莱洛（Nerello Mascalese）等品种酿造。

目前，西西里岛葡萄酒产区拥有1个DOCG子产区和21个DOC子产区。唯一的DOCG子产区是维多利亚瑟拉索罗（位于下页图中紫色区域），那里的葡萄酒总体感觉就是酒体较轻，可以说是整个西西里岛唯一的酸性葡萄酒产区。

这里出产的DOCG级葡萄酒正如其名，呈现出樱桃红的色泽[②]，充满浓郁的红色浆果香，清爽的酸度恰到好处地平衡

① 意大利传统甜味剂，一种以天然葡萄汁制作而成的糖浆。

② 维多利亚瑟拉索罗产区的意大利文是Cerasuolo di Vittoria，其中"Cerasuolo"为樱桃之意。

了浆果的甜腻气息。

如今，随着葡萄牙的波特葡萄酒、西班牙的雪利葡萄酒等一系列加强型葡萄酒的崛起，西西里岛的马萨拉葡萄酒不再如之前那么流行，主要是因为产量太少；维多利亚瑟拉索罗的DOCG级葡萄酒大多供给意大利国内的一些高级场所使用。所以这两款葡萄酒，虽说档次不低，但是每年的出口量相对较少。

西西里岛这些年为了能够依靠葡萄酒拉动GDP（国内生产总值）增长，也慢慢开始出产一些不带甜味的、口味浓重的红葡萄酒。其中最著名的就是卡拉布莱斯的黑珍珠葡萄酒，主要产自岛上东南角的埃洛罗地区（位于上图橙色区域）。因为东南角在早些年是岛上最活跃的火山地带，所以土壤温度很高，酿造的葡萄酒口感也就更为浓郁，更能展示黑珍珠葡萄的风味特点。

黑珍珠葡萄，可以说是葡萄酒界的“小强”，它生命力极强，源于西西里岛的阿沃拉城。但这座城市现在已经没有黑珍珠这个品种了。关于黑珍珠的最早文献记录是在1696年，当时一位西西里岛的植物学家——弗朗西斯科·库帕尼（Francesco Cupani），记录该品种为“Calavrisi”——这是“Calabrese”的方言表达。因此在18~19世纪，“Calabrese”被广泛用于指代这一葡萄品种。

但是也有一些人指出“Calavrisi”应该是“Caia-Avola”之意，即来自阿沃拉城的葡萄。

那么，这个葡萄品种为什么被称作黑珍珠呢？因为它的特点，一是值钱，二是经久不衰——黑珍珠葡萄，几乎到了哪儿都能种活。

其实一直以来都有人猜测，像桑娇维塞（Sangiovese）、内比奥罗（Nebbiolo）、巴贝拉（Barbera）这些意大利国宝级的葡萄品种，会不会是早先黑珍珠的变种。

最后说点题外话，著名的甜点提拉米苏，就是用当地马萨拉加强型葡萄酒点缀的那种点心是怎么来的呢？据说第二次世界大战时期，一个意大利士兵即将奔赴战场，临走的时候，他的妻子想给他准备点吃的路上带着，可是那时家里已经穷得什么都没有了，她就把家里所有能吃的干粮放在一起，简单烹饪一下之后，把剩的那点马萨拉葡萄酒往里面倒，就做出了这么个东西来。说白了，它的做法挺像咱们中国东北的“乱炖”。

士兵带着这一包糕点就走了，每当他吃到这些糕点的时候，就会不由自主地想起家中的爱人，后来他就给这个糕点起名叫提拉米苏（Tiramisu），在意大利语里有“带我走”的意思，表示带走的不只是美味，还有爱和幸福。

小结

一、 西西里岛概述

1. 它是意大利，乃至整个欧洲西部比较古老的葡萄酒产区。
2. 这里是典型的地中海型气候，炎热干燥，土壤以石灰岩、火山岩为主。

二、 西西里岛著名的葡萄品种

黑珍珠的生命力极强，可以在任何较为炎热的地区种植，酿造的葡萄酒颜色偏黑，口感非常浓郁。

三、 西西里岛葡萄酒代表及特点

1. 马萨拉加强型葡萄酒

特点：酒精度高，味道比较甜，是提拉米苏的点缀品。

饮用建议：12℃以下冰镇20分钟后，配合甜点饮用。

识别标识：酒液颜色一般偏黄，酒标上有明显的“Marsala”字样。

2. 维多利亚瑟拉索罗葡萄酒

   特点：红樱桃味，有清爽的酸度。

   饮用建议：控制在 10℃ ~14℃，配合酸性红色水果或者味道清爽的家常小炒饮用。

   识别标识：酒液颜色较为明亮，偏宝石红，并且酒标上有明显的“Cerasuolo di Vittoria”字样。

3. 埃洛罗产区卡拉布莱斯的黑珍珠葡萄酒

   特点：味道浓郁，酒精度较高。

   饮用建议：控制在 10℃ ~14℃，配合重口味肉食或者辛辣性食物饮用。

   识别标识：酒液颜色偏黑，透明度较低，酒标上有明显的“Nero D'Avola di Calabrese”字样。

最后，引用一句《世界葡萄酒地图》中的话。

“西西里岛是一个新兴的、令人激动的产区，这里出产众多深深烙印着当地特征的伟大葡萄酒——非常符合当今葡萄酒的时代精神。”

——杰西斯 · 罗宾逊

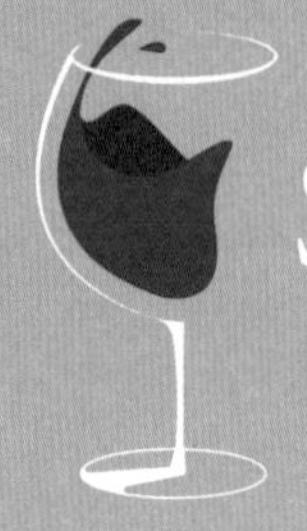

Sardegna 撒丁岛的高质量甜酒

我们接下来讲意大利的另一个外部岛屿——撒丁岛。这个岛虽然属于意大利，但是岛上的葡萄酒有着非常“浓重”的西班牙葡萄酒的特点，比如说当地很著名的两个葡萄品种：卡里纳罗（Carignano）就相当于西班牙的卡利涅纳（Carinena），而卡诺娜（Cannonau）就相当于西班牙的歌海娜（Garnacha）。

撒丁岛的历史背景相当复杂，几千年来，这里不知道换了多少个统治者。这种多元化的历史背景导致当地的文化环境和人们的生活习惯融合了很多国家和地区的风格，而当地的葡萄酒也是这样的性质。

大约在公元前9世纪，这里几乎在同一时间和西西里岛一起被腓尼基人占领，之后被腓尼基人带动着发展当地的贸易。随后希腊人来到撒丁岛，开始传播文化，同时带去

Sardegna
撒丁岛

了酿造葡萄酒的技术，这也带动了当地的发展。

后来，罗马人来了，值得庆幸的是，当时岛民并没有什么保卫领土、守护家园的意识，他们想："罗马人要来，只要不影响我做生意，愿意来就来，跟我有什么关系？"

正是因为撒丁岛人对于罗马人没那么抵触，所以罗马人兵不血刃，直接占领此地，也就没有屠城。如此，岛民得以幸存。岛上的原住民叫作撒丁尼亚人，罗马人便根据种族名称，将这座岛命名为撒丁岛。

但是，当时罗马人占领撒丁岛之后，并没有在这儿种葡萄，因为他们急于征战，没办法顾及大后方。再加上撒丁岛距离意大利半岛西岸 200 多公里，那时候海运条件比较差，要是从意大利本土去一趟撒丁岛，得花多少钱先不说，保不齐在路上再有几个晕船的人，受得了吗？所以，在罗马帝国的扩张初期，撒

丁岛人就这么四平八稳地过着自己的小日子。

到了 5 世纪，罗马帝国开始走下坡路了，其领地几乎是处处被人惦记。当时，西班牙国内的汪达尔人就觊觎北非一带，因为那里产胡椒。那时候的人吃的饭，就没什么味道，要是有点胡椒加点味儿，吃起来那可美得不行。但胡椒这东西，在当时的欧洲还没有，想吃的话，必须到北非去寻找。汪达尔人正是看中了这一点，决定一定得占领北非一带，因为做胡椒贸易能发财呀。

但是怎么去呢？毕竟欧洲和非洲之间隔着地中海。当时从南欧到北非的海上运输线路只有两条，一条是从法国南部的普罗旺斯出发，另外一条就是从撒丁岛出发。普罗旺斯当时由罗马帝国的重兵布防，就别惦记了，唯有几乎被罗马人遗忘了的撒丁岛可以利用起来。

当时汪达尔人趁着罗马人不注意，直接占领了撒丁岛，然后计划进一步向北非开进。汪达尔人来到撒丁岛之后，把西班牙当时种葡萄树、酿葡萄酒的技术也带过来了。所以，别看撒丁岛之前被罗马人占领了，但是这里的人真正开始酿葡萄酒，是在 5 世纪由汪达尔人开始的。而汪达尔人带过来的那套葡萄酒酿制技术，肯定是原汁原味的西班牙范儿。

罗马帝国灭亡以后，意大利出现了两个问题，一个是国内四分五裂，出现了好几个独立的共和国；另一个就是撒丁岛的历史归属问题，当时可真是争得够热闹的。那帮人成天盯着这个小岛干什么呢？明摆着的，当时北非地区的胡椒，就跟现在中东地区的石油似的，谁不喜欢？并且撒丁岛在当时是南欧

通往北非的最方便的交通枢纽。结果就是从5世纪到7世纪，撒丁岛一直被西班牙人统治着。

8世纪上半叶，西班牙人入侵法国波尔多，带回了波尔多的酿酒技术，这自然而然也影响到了当时的领地撒丁岛。但是西班牙入侵了法国的领地，人家法国能熟视无睹吗？当时西班牙的战略重点是向北部发展，南部的重要性置后，这一下子，法国人逮着机会了。

8世纪中后期，趁着西班牙一路向北推进，法国抢占了撒丁岛，统治了200多年。后来，撒丁岛先后被热那亚共和国、威尼斯共和国、比萨共和国等各方势力统治。14世纪初，已经熟练掌握航海技术的西班牙人又杀回来了，从此又统治了撒丁岛近400年。

总之，撒丁岛自从5世纪罗马帝国衰败之后，经历了1 300年的风雨飘摇，而在这1 300年中，有将近700年的时间是被西班牙人统治着的。通过这700年历史文化的洗礼，撒丁岛的葡萄酒能不受西班牙的影响吗?

撒丁岛上那些用来酿酒的葡萄，很多品种都是早年间从西班牙引进的，当然还有少量的法国品种。意大利的那些本土品种，比如桑娇维塞、内比奥罗、巴贝拉等，在岛上几乎找不到。

但是还有个问题，为什么早期罗马人那么不重视撒丁岛？除了海上交通不方便以及急于对外扩张无暇顾及，还有一个原因，就是撒丁岛的地形。岛上80%以上的地形都是山，这茫茫大山、茂密丛林，罗马人要敢强行上岛，就不怕当地人放冷枪?

撒丁岛多山的地形，在早年间为罗马人上岛增加了阻碍的同时，也造就了本地葡萄酒的个性化。撒丁岛属于地中海型气候，比较热，再加上大山阻隔了经常从南部刮来的风，空气不怎么流通。山地地形、温度高、风大、空气不流通这四大条件，又共同促成了当地气候的两个特点——炎热和干燥。

在炎热的地区，如果空气不流通，环境就容易干燥；在寒冷的地区，如果空气不流通，环境就会潮湿。炎热、干燥的气候，使得撒丁岛的葡萄酒中会出现一些比较不错的甜酒。比如，产自撒丁岛西岸奥里斯塔诺子产区的维奈西卡甜酒（Vernaccia di Oristano），还有产自撒丁岛博撒小镇的玛尔维萨甜酒（Malvasia di Bosa）。当地的卡诺娜葡萄，就是早年间西班牙人引进来的歌海娜，在撒丁岛酿制的葡萄酒味道非常强劲。

当然，岛上的葡萄酒也并不都是喝起来非常浓郁的那种类型。撒丁岛东北部一带，受到地中海冷却效应的影响，气温比较低，所以撒丁岛东北部这里酿造的葡萄酒味道会比较酸。所谓冷却效应其实就是根据物极必反的原理来的，这里太热了，海水会蒸发，而蒸发后的水蒸气被风一吹，气温会降下来。就好比一个人大热天在外面跑得满头大汗的时候，如果一阵风刮过来，那么身上出汗的地方一定会感觉很凉爽，因为汗水蒸发会把身体温度降下来。

撒丁岛极具代表性的维蒙蒂诺干白葡萄酒就产自东北部地区。维蒙蒂诺（Vermentino）葡萄是法国科西嘉岛上侯尔（Rolle）在本地的变种。维蒙蒂诺葡萄酒喝起来味道非常酸，甚至有点刺激，但是意大利人就是喜欢，这是为什么呢?

我们在前文提到过，意大利人平时吃比萨、意大利面，这些都是酸性食物，而吃酸性的食物，肯定就得搭配酸性的葡萄酒，而维蒙蒂诺是撒丁岛上最酸的一款酒，所以这款酒深受意大利人的喜爱。这款酒的产区叫维蒙蒂诺加卢拉（Vermentino di Gallura），这也是撒丁岛唯一的DOCG子产区。

总之，撒丁岛由于历史上被西班牙人统治了多年，所以当地的葡萄酒有很明显的西班牙风味。如果你以后喝到一款意大利的葡萄酒感觉不是那么酸，口感浓郁、味道强劲，那很可能产自撒丁岛。

小结

一、 撒丁岛概述

1. 撒丁岛是多山地形，属地中海型气候，炎热干燥，酿出来的葡萄酒味道普遍比较甜，酒体比较强劲，酒精度偏高。
2. 撒丁岛在历史上被很多国家统治过，统治时间最长的是西班牙，直到1861年才正式归属意大利，所以这里的葡萄酒有很明显的西班牙风味。
3. 岛上东北部受地中海冷却效应的影响，温度很低，所以出产高酸度的葡萄酒。

二、 撒丁岛著名的葡萄品种

1. 卡里纳罗，相当于西班牙的卡利涅纳，果皮较厚且颜色深，果肉多汁，酿出的葡萄酒颜色偏深紫色，口感较为浓郁。
2. 卡诺娜，相当于西班牙的歌海娜，果大皮薄，含糖量高，酸度低，香气浓郁。

三、 撒丁岛葡萄酒代表及特点

1. 高质量的甜酒

（1）奥里斯塔诺子产区的维奈西卡甜酒

特点：酒精度高，味道比较甘甜，口感较为浓郁。

饮用建议：12℃以下冰镇10分钟后，配合甜点或者红色水果（草莓、荔枝、樱桃等）饮用。

识别标识：酒液颜色偏淡黄，酒标上有明显的“Vernaccia di Oristano”字样。

（2）博撒小镇的玛尔维萨甜酒

特点：酒精度高，味道比较清甜，口感较为浓郁。

饮用建议：10℃以下冰镇10分钟后，配合甜点饮用，也可配合辛辣食物饮用。

识别标识：酒液颜色偏金黄，酒标上有明显的“Malvasia di Bosa”字样。

2. 维蒙蒂诺加卢拉子产区的维蒙蒂诺干白葡萄酒

特点：酸度极高，味道清爽。

饮用建议：控制在10℃~12℃，冰镇10分钟后，配合清爽口味的海鲜类食品或者沙拉类食品饮用。

识别标识：酒液颜色偏黄绿，透明度较高，酒标上有明显的“Vermentino di Gallura”字样。

Calabria 卡拉布里亚的西罗干红

前文说过意大利的地形就像大长腿穿着高跟鞋，而卡拉布里亚正好就是高跟鞋的鞋头。近一个多世纪以来，意大利南部没出现什么特别出名的葡萄酒产区，比如像威尼托那样的；南部也没有什么特别出名的葡萄酒，比如像阿玛罗尼、巴罗洛那样的。所以到目前为止，南部产区给人的感觉总是有点欠发达，但是说归说，如果有机会去意大利南部产区走一走，你就会发现那里的好酒不少，只不过是一直以来没有被人发现而已。

先来探讨一个话题——好酒是如何形成的？肯定离不开优秀的酿酒师和不断改进的酿造工艺。但是，优秀的酿酒师和酿造工艺又是怎么催生出来的呢？

第一点是，酒庄有悠久的历史且不断与时俱进。在历史长河的洗礼下，一座酒庄如果不能保证有足够好的生产质量，肯定会被

市场淘汰。所以能够生存下来的酒庄，一定是在几百年甚至上千年中，不断改进酿造工艺，秉承工匠精神不断打磨产品，达到精益求精的品质。

第二点是，酒庄有非常好的商业模式。选对了商业模式，葡萄酒就能够迅速占领市场，市场份额高了，客户需求量就会变大，从而进一步迫使酒庄不断提高产品质量，做到精益求精，以满足市场上日益增长的客户需求。

以上两点，如果某个产区或者某座酒庄能够拥有其中一点，其实就能够判断，这里的酒不错。而卡拉布里亚，无疑符合第一点。

罗马在扩张时期，每占领一个地方，如果付出的代价太大，罗马人就会屠城，屠城之后会在废墟上面种葡萄。西西里岛是第一个遭受这种厄运的地方，而第二个地方就是卡拉布里亚。

公元前 3 世纪，罗马人统一了意大利北部，就开始觊觎南部了。当时的意大利被分成了南、北两大阵营：南部地区大约从公元前 8 世纪开始受到希腊文明的影响，以文化人为主；

北部地区情况就不同了，被罗马人光顾了一圈，受到其文化的影响，那里几乎变成了野蛮人部落，奉行“有了矛盾别废话，先出去打一架，谁赢了听谁的”的准则。

当时的意大利南部是“文人”执政，而且各成一派，就导致了城邦之间内讧不断。南部有一个城邦叫作图利，它和北部的罗马关系较好。大约在公元前 282 年，图利遭到入侵，罗马人正好借机南下，说是要支援图利，其实是想顺带着来个“搂草打兔子”，把意大利南部给收了。

但是罗马人的计划进行得可并不顺利，因为这群笨蛋走错地方了。当时也没个什么地图导航之类的，参考的军用地图也不知道是谁画的，怎么就那么水。罗马几万人的部队往南行进，误打误撞走到了一个叫作他林敦的城邦。

从意大利东部出发，跨过亚得里亚海，再往南走没多远就是希腊。当时罗马人走错地方这个事被古希腊伊庇鲁斯国王皮洛士知道了，他可是古希腊历史上非常有名的大力士国王，四肢发达，头脑也不简单。他一看罗马人的主力部队误打误撞全窝在他林敦了，想着这好机会不能放过呀，于是乎，他直接带着部队打过去了，这就导致了历史上非常著名的皮洛士战争爆发。

战争一开始的时候，皮洛士用他的“大象军团”把罗马人给揍得够呛。大象那种庞然大物一上战场，那是人能搞得定的吗？但是战争进行了没几年，出事了——西西里岛那边有人闹事。那会儿西西里岛是希腊的地盘，但是迦太基的腓尼基人也惦记这个小岛呢，所以他们趁着皮洛士战争爆发想把西西里岛给夺过去。他们当时就玩命地挑唆当地人闹事，结果当地人一闹事，皮洛士没办法只能掉头向西，到西西里岛平叛去了。

他这一走，罗马人缓过劲儿来了，趁着他不在，从他林敦地区一路向西追着伊庇鲁斯军队打，占领了不少地盘。罗马人一直打到现在的卡拉布里亚这个地方，和当时还在西西里岛平叛的皮洛士隔海对峙，直到第一次布匿战争

之后，罗马人占领了西西里岛。但是，罗马人占领西西里岛没几天，卡拉布里亚又出事了。当地有一股希腊人的残存势力在闹事，而且他们自己闹不算，还拉着当地的老百姓一块儿闹。

这事让罗马人知道以后，掉头返回卡拉布里亚，一调查才明白，原来当地老百姓都被希腊人洗脑了，成天拉帮结伙地骂罗马人玩。这哪行呀？不能留着。所以罗马人当时直接血洗了卡拉布里亚，用了十几天的时间杀了上万人。屠城之后，罗马人把从西西里岛学到的葡萄种植技术用上了，在这个地方种了一大片葡萄。

由于这里是地中海型气候，还靠近海边，不论从温度、湿度，还是土壤结构上来说，都非常适合葡萄树的生长，所以卡拉布里亚很快就产出了拥有当地特色的葡萄酒。

卡拉布里亚距离罗马城很近，俗话说“宰相门前七品官”，何况是一个伟大帝国都城的门口呢？最开始，这里的葡萄酒，产出一些就被罗马人带走，再后来随着罗马的不断扩张，这儿的葡萄酒慢慢也被普及到了各个地区，卡拉布里亚逐渐成为一个很著名的葡萄酒产区。

即使到 15 世纪，东罗马帝国灭亡了，卡拉布里亚的葡萄酒依然在整个欧洲名气非常大，甚至一度被人当成奢侈品看待。为什么？因为罗马人是这里葡萄酒的传播者，最早在西西里岛学了技术之后，紧跟着就在卡拉布里亚种上了葡萄。真论起来，卡拉布里亚有 2 000 多年的酿酒历史，这种经历了长时间的历史沉淀，经历过文化洗礼的珍品才有可能成为奢侈品。

但是后来，意大利的葡萄酒遇到两件比较糟糕的事。首先是在16世纪，法国葡萄酒的兴起导致整个意大利葡萄酒开始走下坡路。16世纪是世界上著名的大航海时代，全世界的贸易几乎都从陆地直接搬到海上去了。法国虽然航海能力一般，但是它北边有荷兰、英国，南边有西班牙、葡萄牙，这都是历史上的航海强国，只要和它们搞好关系，让它们帮忙搞搞运输、做做推广，之后再给点销售提成，往外销售本国的葡萄酒是很容易的。

再来看看意大利这倒霉孩子，虽说它们的葡萄酒也不错，但航海能力不行，而西边是法国，航海能力也不行；其北边是瑞士、奥地利两个内陆国，东边是克罗地亚、保加利亚和早已堕落得没影儿的希腊，好不容易离西班牙近点，它还老和人家打架——撒丁岛的事儿。

在大航海时代，意大利的葡萄酒由于没能及时跟进海洋贸易，直接被夺走了葡萄酒业界老大的地位，导致意大利国内所有产区的葡萄酒市场占有量呈直线下滑，卡拉布里亚也没能幸免。

还有个事更糟糕，就是19世纪的根瘤蚜虫害——对于葡萄树的损伤几乎是致命的。

根瘤蚜虫是在荷兰人和美国人的一次海运贸易中从美洲“偷渡”入境的，先是在法国西部登陆，然后迅速蔓延，整个法国 90% 的葡萄树没能幸免于难，勉强幸存了一些。但是，这种虫害蔓延至意大利之后，那几乎就是让当地的葡萄树全军覆没。这是因为法国那边毕竟有一些地方气候比较冷，根瘤蚜虫活不下来；而意大利大多国土是地中海型气候，炎热、湿润，这种气候那就是虫害的温床。

所以，谈到卡拉布里亚，首先在大航海时代由于整个意大利没能及时占领葡萄酒市场，被法国后来者居上，直接导致该地的葡萄酒品牌效益下滑；其次就是根瘤蚜虫害，给意大利的葡萄种植来了个连锅端。到了 20 世纪，以商业化运作为主的新世界的葡萄酒性价比较高的优势逐渐突显，卡拉布里亚作为旧世界的没落产区更难恢复往日的那种兴盛。有时候想想，我真的感觉这里挺可惜的。

当然，从 20 世纪 80 年代开始，意大利政府也在不断地努力，试图恢复卡拉布里亚往日的风采。几十年举步维艰，但是到现在为止，已见成效。当地能有 12 个 DOC 子产区，就证明卡拉布里亚还是有相当程度的发展潜力的。在意大利，当一款酒成为 DOC 级满 5 年就可以申请为 DOCG 级，估计用不了多久，这 12 个 DOC 子产区里面至少能出 1~2 个 DOCG 子产区（截至 2020 年，此处尚无 DOCG 子产区）。

由于卡拉布里亚的东部、西部、南部环海，因此绝大多数地区地中海型气候非常典型。地中海型气候的最大特点就是热，夏季炎热干燥，冬季温和多雨。并且这里的土壤也是典型

的意大利土壤，以石灰岩和火山岩为主，直接导致当地的土壤温度高，还含有丰富的矿物质。

天气热，土壤也热，当地的葡萄含糖量便高，就直接使酿出来的葡萄酒酒精度也高，所以当地的葡萄酒基本也是味道浓烈，这和喜欢酸味葡萄酒的意大利人有点相悖。

那么，要是想迎合意大利人的传统口味，就必须在葡萄酒的口感上做出改变，但是卡拉布里亚这里受地中海型气候影响太大，而且土壤也都是典型的热带土壤，想种植出酸葡萄实在太难。但是近些年，当地人种植葡萄时变聪明了，开始另辟蹊径。

当地人将葡萄树栽在了靠近海岸线的丘陵地带——这种地形在卡拉布里亚并不少见，从海岸线一直向内陆延伸到高山区域。这种丘陵地带的地势比较高，海拔都在 200~500 米。在这一高度，气温有所降低，种植的葡萄就偏酸。

卡拉布里亚虽然没有DOCG子产区，但是当地有西罗干红葡萄酒，是卡拉布里亚最古老、最著名的葡萄酒，也是 20 世纪至 21 世纪唯一一款能为此产区赢得尊重的葡萄酒。这款西罗干红葡萄酒，也是 2004 年雅典奥运会的官方指定用酒。

卡拉布里亚还有另外一款值得注意的葡萄酒——用东南海岸的白格雷克葡萄干酿制而成的甜型格雷克白葡萄酒（Greco di Bianco）。这款葡萄酒其实和阿玛罗尼的酿造风格类似，都是把葡萄采摘下来之后，放在麦子上面让风吹4个月，等葡萄彻底风干后再用来酿酒。这样酿出来的葡萄酒，酒精度会比较高，因为葡萄里面的水分都没了，所以糖分所占的比例就会变很高。

除以上两款酒外，该产区还用佳琉璞（Gaglioppo）和黑格雷克（Greco Nero）来酿制红葡萄酒，这种酒就是那种高

酸的味道；还有用菲娜玛尔维萨（Malvasia Fina，当地称作Trebbiano Toscano）和白玛尔维萨（Malvasia Bianca）酿制高酸型白葡萄酒。

最近，卡拉布里亚和整个意大利南部产区一样，重视开拓国际品种的商业潜力，比如像霞多丽（Chardonnay）和赤霞珠那样的品种。但是它是怎么做的呢？它可不是推出霞多丽单品葡萄酒或者赤霞珠单品葡萄酒之后砸钱做广告宣传，再走电商途径。卡拉布里亚是把这两种葡萄各自酿成一种比较低端的基酒，类似于调料，再卖到法国南部奥克（这里是法国最大的餐酒产地）一带，专门用于酿造餐酒。

所以呀，诸位以后喝到法国奥克地区的用赤霞珠或者霞多丽单品酿造的餐酒，保不齐那就是从卡拉布里亚出来的。

卡拉布里亚这么做的目的也很明显：就是靠卖这个多挣点钱，好去发展自己本地的那些高端葡萄酒。其实可以这么说，每消费一瓶法国奥克地区的餐酒，就等于为意大利卡拉布里亚产区的葡萄酒发展做出了一份不可磨灭的贡献。

那卡拉布里亚每年输出的这些用于酿造餐酒的基酒数量是多少呢？约 4 500 万升。积累这么多资金去发展当地的高端葡萄酒，成功也只是时间问题。

小结

一、卡拉布里亚概述

1. 卡拉布里亚有 2 000 多年的酿酒历史，曾经是罗马教廷的指定产区。
2. 当地是典型的地中海型气候，土壤以石灰岩、火山岩为主，有 12 个 DOC 子产区，葡萄树大多种植在丘陵上。
3. 当地目前生产一些由国际化品种酿造的基酒，运往法国南部奥克地区，用以酿造餐酒。

二、卡拉布里亚著名的葡萄品种

1. 黑格雷克，颜色极深，单宁较高，酿造的葡萄酒颜色偏黑，口感非常浓郁，味道较为酸涩。
2. 白格雷克，皮厚，颜色偏黄，酿造的葡萄酒口感较为均衡。

三、卡拉布里亚葡萄酒代表及特点

1. 西罗干红葡萄酒（2004 年雅典奥运会官方指定用酒之一）

   特点：酒精度高，味道浓郁，有典型的热带黑色水果果香。

饮用建议：控制在12℃~14℃，醒酒20分钟后饮用。

识别标识：酒标上有明显的“Calabria Cirò”字样。

2. 甜型格雷克白葡萄酒

特点：味道偏甜，清香四溢，有典型的白色水果及黄色水果果香。

饮用建议：控制在8℃~10℃，冰镇30分钟后，配合清爽型沙拉或者清淡型甜品饮用。

识别标识：酒标上有明显的“Greco di Bianco”字样。

Campania 坎帕尼亚的艾格尼科

坎帕尼亚位于意大利南部的西海岸，是意大利少数几个能够保持葡萄的原汁原味的地区，这地方为什么有这个特点呢？这事情，说来话长。

在介绍卡拉布里亚的时候我们提到过，那儿的土壤以石灰岩和火山岩为主，而坎帕尼亚与之毗邻，所以土壤和气候等条件也都差不多。这里的坡地为火山灰所覆盖，土质肥沃，矿物质丰富，再加上亚平宁半岛的阳光普照，很适合葡萄生长。

坎帕尼亚被古罗马人称为“幸运之城”，说到这个幸运之城，那在历史上就跟三国时期的麦城似的。大家知道关云长败走麦城的故事吧，那坎帕尼亚是谁的麦城呢？就是欧洲历史上最伟大的四大军事统帅之一、北非古国迦太基名将汉尼拔。别看这家伙平时在风里雨里挺能打的，但是当年在坎帕尼亚这里，他差点儿丢了命。

汉尼拔和罗马人打了一辈子仗，而且在罗马中，能和他在战场上过招儿的人不多，那罗马人的敌人倒霉的地方，就是罗马人的幸运之城。

公元前 218 年，汉尼拔带兵入侵意大利，当时他通过撒丁岛直接在坎帕尼亚登陆。一进来，这家伙就不干好事，把当地的农作物都给烧了不说，也不知道他用了什么招儿，把当地的土地也给霍霍得够呛。坎帕尼亚那地方，原本土地肥沃，种啥都能长，但是让汉尼拔这么一霍霍，当地大部分土地都不能再种庄稼了。

汉尼拔在历史上并不是一个非常暴力的人物，但是为什么在坎帕尼亚变化这么大呢？其实很简单，他就是想通过欺负当地人激怒北边的罗马人，惦记着跟人家打一仗呢。当时的罗马执政官叫法比乌斯，这家伙脑子挺好使，压根儿不为所动。

汉尼拔这样一搞，坎帕尼亚的当地人那是盼星星盼月亮地等着罗马人来救他们，结果呢，盼来盼去连个人影都看不见。时间久了，坎帕尼亚的广大人民群众肯定对罗马有意见。

其实，这也不能怪罗马人见死不救，因为罗马当时还没有完全统一意大利南部地区，坎帕尼亚属于希腊的“三不管”地带，真论起来，罗马人没有义务过来收拾这个烂摊子。

反正坎帕尼亚人对罗马的怨念与日俱增，这种情绪让汉尼拔那双贼眼瞅见了，于是他开始借势，四处煽风点火，就是想让当地政府闹独立，然后成为自己的傀儡政府。可是他在坎帕尼亚忽悠了一圈，基本上没人搭理他。

只有一个叫卡普亚的地方也不知怎么了，就被他唬住了，开始闹独立。卡普亚的独立是非战争形式的，搁现在就跟小孩子过家家似的，当地政府让卡普亚的所有居民投票，看是否赞成独立。居民如果投反对票或者弃权，就必须在公开场合说明原因，如果不能合理解释，那就会被直接拉出去斩首。在这种情况下，谁敢说半个“不”字?

卡普亚也不看看自己几斤几两，这么一闹独立，直接被周边孤立了。一年后，罗马兵围卡普亚，城里缺粮少水，汉尼拔的部队在外面也打不进去，无法救援，卡普亚就这么被足足围了5年，不知道城里饿死了多少人。最后，卡普亚向罗马投降。

罗马占领卡普亚之后，把从西西里岛学

的葡萄种植技术带过来了。在这种贫瘠的土地上面，幸好种葡萄还不错。

所以，坎帕尼亚那是经历过一种颠覆式的改变，先是拜汉尼拔所赐，然后罗马人来了，也是经过一通杀戮之后才开始在这里种葡萄。经过这么两轮霍霍，这里往昔的一切风土、文化、人文气息全没有了。当初，西西里岛至少还有些人活着逃出来了，卡拉布里亚还能保留一点点文化性建筑，而到坎帕尼亚这儿什么也没剩下。

迄今为止，没有人知道这儿以前是什么样的，所以当地人一直以来都想知道自己家乡原来的样子，久而久之，这种愿望影响了当地的一切。为什么坎帕尼亚本地的葡萄酒最大限度地保留了葡萄的原汁原味？就是因为当地人太想知道家乡原来的样子，所以他们做什么事情都追求原汁原味，自然也包括酿造葡萄酒。

坎帕尼亚距离罗马很近，和卡拉布里亚一样，这里出产的葡萄酒几乎都被罗马人带走了，随着罗马的不断强大，这里的葡萄酒也被普及到了各个地区，所以这儿也成为一个很著名的葡萄酒产区。

后来，坎帕尼亚的遭遇也比那个卡拉布里亚强不了多少，先是在大航海时代被超越，后来又遭逢根瘤蚜虫那档子事，直接走向了没落。但是最近这几十年，由于意大利政府大力发展本国南部产区，因此坎帕尼亚变化巨大，昔日辉煌重新绽放，葡萄酒质量得到大幅提高。

坎帕尼亚最负盛名的葡萄品种有被称为“复古品种”的艾格尼科（Aglianico），还有菲亚诺（Fiano）及格雷克（Greco），这些葡萄品种生长在阿韦利诺山城周边的坡地上。

最近几年，坎帕尼亚的葡萄酒圈子里流传着这么一句话：“让古老产品焕发青春。”这种愿望也一直激励着当地的酒庄和商人们，这一点从法定产区数量的迅速增长中得以体现。坎帕尼亚一共有3个DOCG子产区，分别是图拉斯（Taurasi）、菲亚诺阿韦利诺（Fiano di Avellino）、格雷克都富（Greco di Tufo）。

其中最令该地区感到骄傲的是图拉斯子产区，这是整个意大利南部产区中第一个获得DOCG等级的子产区。这里最著名的葡萄品种就是艾格尼科，这种葡萄最早源于希腊，在希腊语中是“雄鹰”的意思，可见这个品种在昔日的希腊人眼中有什么样的地位。艾格尼科最早被种植在希腊的克里特岛上，后来被传到了坎帕尼亚，这里的土壤和气候使它有了更大的发挥空间。坎帕尼亚本地艾格尼科葡萄酒的味道有点像雷司令

（Riesling），有一种焦油味，就像烤肉烤煳了那种味道，还有浓郁的红色浆果和酸性水果的味道。这种酸味的葡萄酒，陈年能力超级强，一般来说陈放10年以上没有任何问题。

在整个意大利南部产区，像艾格尼科这种这么有特色风味的葡萄酒，很难找出第二款，就那股子焦油味，就算是初学者，也能很轻易地闻出来。

当地一种非常著名的白葡萄叫菲亚诺，别名叫“小长相思”。菲亚诺葡萄是典型的火山岩土壤的产物，有很高的含糖量和矿物质，所以酿造出的葡萄酒香气很浓，而且有一股草本植物的味道。拔一点青草，捣碎了用开水泡开，闻起来就非常像菲亚诺白葡萄酒的味道。

格雷克都富产区位于一个山沟里，气温相对较低，这里出产的葡萄酒，味道会比较酸。按照意大利人的口味来说，这一酸，那可就占了大便宜，凭借着这股子酸味，格雷克都富也成为一个DOCG产区。

坎帕尼亚另有20个DOC子产区以及多个IGT子产区，出产的葡萄酒林林总总有70多种，包括起泡酒、干型葡萄酒以及加强型葡萄酒。

小结

一、 坎帕尼亚概述

1. 这里是罗马人的“幸运之城”，历史上经历过两次颠覆性改变，目前已经没有人知道它的原貌。
2. 当地葡萄酒的最大特点就是保留了原汁原味。

二、 坎帕尼亚著名的葡萄品种

1. 艾格尼科，生命力极强，产量高，偏爱温暖、干燥的气候，适宜生长在火山岩土壤中。
2. 菲亚诺，是火山岩的产物，有很高的含糖量和矿物质。

三、 坎帕尼亚葡萄酒代表及特点

1. 图拉斯子产区的艾格尼科单品干红葡萄酒

   特点：浓郁的红色浆果和酸性水果的味道，开瓶约40分钟后会有典型的焦油以及烤肉味道，陈年时间可达到10年以上。

   饮用建议：控制在12℃~15℃，配合重口味肉食或者高油腻性的食物，让酒中的单宁化解掉食物中的油腻感。

识别标识：酒标上有明显的“Taurasi”和“Aglianico”字样。

2. 菲亚诺阿韦利诺子产区的菲亚诺白葡萄酒

特点：有较高的矿物质及草本植物的风味，味道偏酸。

饮用建议：控制在 8℃ ~12℃，配合沙拉或海鲜，提高食物的清新感。

识别标识：酒标上有明显的“Fiano”字样。

Basilicata
巴西利卡塔的超级乌尔图雷艾格尼科

今天来说说位于坎帕尼亚东南边的邻居，也就是位于意大利大长腿的脚踝骨那儿的一个产区——巴西利卡塔。这个产区的总体情况就是多山，特点有两个：一个是葡萄产量比较少，另一个就是葡萄采收晚。

首先，巴西利卡塔西南部，就是面向西西里岛的一侧，那是一个入海口，正好对着第勒尼安海。这里是意大利一个非常著名的旅游度假胜地，就是那种每年夏天要是想来，那都得提前一个多月订好酒店，否则就只能睡大街上的地方。

这种海滨度假胜地都是沙石型土壤，夏天去海边时，人们不外乎就是享受沙滩、游泳、日光浴。但是沙子这种东西，可以说是没有任何营养成分的，想在这种沙石型土壤上面种葡萄的话，那就得需要进行一些人工干预。

Basilicata
巴西利卡塔

当地人在海边开垦出一块地，然后用一些小砾石堆至一定高度，再在这些小砾石里面混入一些从其他地方带来的土壤，这样就可以在上面种葡萄了。这种砾石型土壤的特点是蓄热性非常好，就像拿一块鹅卵石放在太阳底下，一会儿就晒得发烫了，而且不易冷却。

这种因蓄热性所产生的温度，是要依靠土壤里面的水分降下来的，否则能把葡萄树都给“烫”死。那么这种小砾石，由于蓄热性很好，就导致了这里的葡萄树会在一种温度相对较高的环境下生长。在温度高的环境下生长的葡萄树所产的葡萄就是味道甜、含糖量高，而含糖量高的葡萄所酿出来的干型葡萄酒，酒精度都会比较高。巴西利卡塔西南部的葡萄酒，由于小砾石的蓄热性很好，所以味道比较浓烈，小心喝了会上头。

巴西利卡塔的南部朝向伊奥尼亚海，这里也有一些海滩性沙石土壤，和西南部的差不太多，但是南部这里大部分是大礁石，属于岩石型土壤。因为这里最早不是陆地，而是海洋，后来，海水退下去了，陆地露出，才有了这么一块地方。原海底大多是岩石，而且因为常年沉积在海底，自身具有丰富的矿物质。矿物质的味道就好像钻山洞的时候，山洞最里面的那些石头上水分的味道。如果还不明白，自己拿个不锈钢的勺子，舔一下之后马上闻闻，那就是矿物质的味道。

带有矿物质味道的葡萄酒，闻起来会带给人一种非常清新、愉悦的感觉。你想想自己去公园散步的时候，最愿意闻到的肯定是那一股淡淡的青草香气，矿物质的味道和青草香气也有点类似。所以，巴西利卡塔南部地区，由于受到早年间海底岩石型土壤因素的影响，这里的葡萄酒有典型的矿物质和青草的味道。

巴西利卡塔的北部靠近坎帕尼亚，所以这里的葡萄酒和坎帕尼亚的比较相似。坎帕尼亚的葡萄酒味道有些偏酸，而意大利人由于当地饮食文化的影响，大都喜欢酸味的葡萄酒，所以巴西利卡塔唯一的DOCG子产区就在北部，叫作超级乌尔图雷艾格尼科保证法定产区（Aglianico del Vulture Superiore DOCG）。

巴西利卡塔北部用的酿酒葡萄可不是随随便便的，那是整个巴西利卡塔唯一的原生葡萄——巴西利卡塔玛尔维萨（Malvasia di Basilicata），这种葡萄有白、红两种。所谓的原生葡萄就是不用任何农药，完全靠自然生长，顶多人工浇浇水、剪剪枝，特点就是纯天然。

纯天然的葡萄价格肯定不便宜，因为人工干预少，不能喷农药，这样就会导致虫子多，虫子多了，葡萄的产量肯定就少了，产量少的话，会怎么样呢？首先是葡萄酒的质量好，其

次就是葡萄酒卖得贵。

巴西利卡塔的两大特点中的第一个就是葡萄产量少，其实就是以这个超级乌尔图雷艾格尼科子产区为代表，毕竟这地儿是整个巴西利卡塔的脸面。

巴西利卡塔北部还有一种葡萄，就是坎帕尼亚的代表品种艾格尼科，这是意大利南部很重要的红葡萄品种，虽然它在巴西利卡塔这里不是原生的，但此品种的表现也很不错，也是当地的代表。

当地的艾格尼科主要生长在一座名叫乌尔图雷死火山的斜坡上，可以酿制颜色浓郁、酒体强劲的葡萄酒。火山的山坡上，肯定土壤温度高，所以那里种植的葡萄偏甜，甜葡萄所酿造的葡萄酒酒精度就高，味道就浓烈。这儿的优质艾格尼科葡萄酒在酿制之后，还得需要 3~5 年时间不断地提纯、演化、陈年，经过这么一系列过程伺候出来的葡萄酒那得是什么档次？什么级别？

据说当年汉尼拔在这地方和罗马人打了一仗，他赢了之后，巴西利卡塔就归他了。我估摸着他打这一仗付出的代价也不小，胜利之后他就想好好地显摆显摆。他没像罗马人似的屠

城，而是用当地的艾格尼科葡萄酒给士兵的伤口消毒，究竟管不管用、治好了多少士兵无从查证，但是他这种做法说白了就是告诉罗马人，巴西利卡塔是我的地盘儿了，这里的一切都是我的战利品，也包括这些葡萄和葡萄酒，所以我想怎么霍霍我就怎么霍霍。

后来坎帕尼亚的卡普亚独立那档子事一闹，罗马人逮着这个机会，那是追着汉尼拔一路猛揍，差点儿让他长眠在意大利。为啥呀？瞧瞧汉尼拔干的这些事，先是把坎帕尼亚糟蹋得够呛，而且还欺负当地老百姓，紧接着又在巴西利卡塔把被意大利人视若珍宝的艾格尼科葡萄酒当药水用，就这些，不管换了谁，都得憋一肚子火。

这就是当地历史上的一段小插曲。除了巴西利卡塔玛尔维萨和艾格尼科这些本土葡萄品种，巴西利卡塔近些年也种植了一些如赤霞珠和梅洛这样的国际化葡萄品种，一直以来长得还不错。而且像卡拉布里亚一样，巴西利卡塔也用这些葡萄酿成基酒，运往其他地区去酿餐酒。

超级乌尔图雷艾格尼科子产区位于乌尔图雷死火山附近，产区中的葡萄酒采用100%艾格尼科葡萄酿造而成。这个超级乌尔图雷艾格尼科子产区的大多数葡萄园位于海拔 450~600 米处。艾格尼科是一种典型的晚熟葡萄，在欧洲所有不酿甜酒的葡萄里面，它和赤霞珠的收获季节是最晚的，差不多得等到每年的 11 月末至 12 月初。这就是巴西利卡塔所种植葡萄的第二个特点——葡萄采收晚。

此子产区的艾格尼科种植在火山的山坡上面，根据冷酸热甜的原理，这里的葡萄酒酒体饱满、单宁强劲，有巧克力和樱桃的气息，葡萄酒中的单宁将随着时间的流逝变得更加柔和，陈年能力在 6~20 年不等。

如果将这里的葡萄酒细分，还能分为三种类型，一种是普通型，一种是古典型，另一种是珍藏型。

普通型（Aglianico del Vulture Superiore DOCG）：葡萄酒酿成之后可以直接上市。

古典型（Aglianico del Vulture Superiore Vecchio DOCG）：葡萄酒需要陈年 3 年，其中在木桶中的陈年时间不少于 12 个月，在瓶中的陈年时间不少于 12 个月。

珍藏型（Aglianico del Vulture Superiore Riserva DOCG）：葡萄酒在上市之前至少需要陈年 5 年，其中在木桶中的陈年时间不少于 24 个月，在瓶中的陈年时间不少于 12 个月。

巴西利卡塔的东南部是洛卡诺瓦的格罗提诺子产区（Grottino di Roccanova DOC）。这儿是在 2009 年获得 DOC 等级认证的，目前生产的葡萄酒种类比较杂，包括白葡萄酒、红葡萄酒和桃红葡萄酒等。

格罗提诺子产区的红葡萄酒和桃红葡萄酒是由 60%~85%

的桑娇维塞葡萄、5%~30%的赤霞珠葡萄、5%~30%的巴西利卡塔黑玛尔维萨（Malvasia Nera di Basilicata）葡萄，以及5%~30%的蒙特布查诺（Montepulciano）葡萄酿造的，其中最多允许添加10%的当地其他非芳香型红葡萄品种；白葡萄酒是由至少80%的巴西利卡塔白玛尔维萨（Malvasia Bianca di Basilicata）葡萄酿造的，最多允许添加20%的当地其他非芳香型白葡萄品种。

位于巴西利卡塔东部的马泰拉子产区（Matera DOC）也像个杂货铺子，当地的红葡萄酒是由至少60%的桑娇维塞葡萄和至少30%的普里米蒂沃（Primitivo）葡萄混合酿造的，最多允许添加10%的当地其他非芳香型红葡萄品种。马泰拉子产区规定标注单一品种的葡萄酒必须含有至少90%的相应葡萄品种。比如，要是酒标上面写着“马泰拉桑娇维塞”，那这款葡萄酒里面必须有90%以上的桑娇维塞葡萄。

马泰拉子产区当地的桃红葡萄酒，必须由至少90%的普里米蒂沃葡萄酿造。说到这个普里米蒂沃葡萄，大家可能都知道它和金芬黛（Zinfandel）是同一个品种，这种葡萄其实源于克罗地亚，原始的名字应该是特里比达（Tribidrag），因为这东西在意大利的普利亚大区长得非常好，所以被称为普里米蒂沃。普利亚大区就是大长腿的那个“鞋后跟”，咱们下一个小节就讲那里。见过金芬黛的人应该都知道为什么用这种葡萄来酿制桃红葡萄酒，因为皮太薄。

当地还有一种葡萄酒叫作马泰拉莫洛红葡萄酒，是由至少60%的赤霞珠葡萄和至少20%的普里米蒂沃葡萄，还有至少 10% 的梅洛葡萄混合酿造的。马泰拉的白葡萄酒，是由至少 85% 的巴西利卡塔黑玛尔维萨葡萄酿造的。

马泰拉子产区的这个起泡酒，分为白起泡酒和桃红起泡酒，其中白起泡酒，是由至少 85% 的巴西利卡塔白玛尔维萨葡萄酿造的；桃红起泡酒，是由至少 90% 的普里米蒂沃葡萄酿造的。

最后咱们再来说说位于巴西利卡塔西南部的上阿格里谷子产区（Terre dell'Alta Val d'Agri DOC），这里的葡萄酒包括两种类型：红葡萄酒由至少 50% 的梅洛葡萄、至少 30% 的赤霞珠葡萄，还可搭配使用不超过 10% 的本地红葡萄混合酿造而成；桃红葡萄酒由至少 50% 的梅洛葡萄、至少 20% 的赤霞珠葡萄，至少 10% 的巴西利卡塔黑玛尔维萨葡萄混合酿造而成。酿酒师还可根据需要，向其中添加不超过 20% 的本地葡萄。

小结

一、 巴西利卡塔概述

1. 这里是多山地形，属于地中海型气候，葡萄产量少、采收晚，且葡萄酒价格较为昂贵。
2. 唯一的 DOCG 子产区——超级乌尔图雷艾格尼科保证法定产区位于火山脚下。

二、 巴西利卡塔著名的葡萄品种

1. 本地的葡萄巴西利卡塔玛尔维萨，属于原生态生长，产量较少。
2. 艾格尼科的生命力极强，产量高，偏爱温暖、干燥的气候，适宜生长在火山岩上。

三、 巴西利卡塔葡萄酒代表及特点

1. 超级乌尔图雷艾格尼科葡萄酒

   特点：因为艾格尼科葡萄种植在火山的山坡上面，所以酿造的葡萄酒酒体饱满、单宁强劲，有巧克力和樱桃的香气。酒中有力的单宁将随着时间的流逝变得更加柔和，陈年能力在 6~20 年不等。

   饮用建议：控制在 12℃ ~15℃，配合烧烤类食物或者荤腥类家常菜饮用。

识别标识：酒标上有“Aglianico del Vulture Superiore”的字样。

2. 巴西利卡塔原生玛尔维萨葡萄酒

特点：该葡萄分白和红两种，生长过程中不用任何农药，完全靠自己生长，所以葡萄酒产量少、质量好，价格较贵。

饮用建议：小杯饮用，红葡萄酒控制在12℃ ~15℃，白葡萄酒控制在12℃以下饮用。

识别标识：酒标上有“Malvasia di Basilicata”的字样。

Puglia 普利亚的普里米蒂沃

普利亚，在最早时候被称作阿普利亚（Apuglia），“ap”在印欧语中起初是水的意思，而“uglia”是女儿的意思，所以阿普利亚是水的女儿之意。后来日耳曼人不知道什么时候把“Apuglia”中的字母A给去掉了，就变成普利亚了，这个大区的名字就是这么来的。

从地图上来看，普利亚在意大利东南部，与巴尔干半岛隔伊奥尼亚海相望，最窄处不足100千米。

两者的距离这么近，那肯定方便了希腊人。希腊人在公元前7世纪跨过伊奥尼亚海来到普利亚，从此，亚平宁半岛就种上了葡萄，开始酿酒了。

意大利的葡萄酒有三大起源，古希腊在意大利建立起来的殖民城邦是起源之一。古希腊有葡萄树和葡萄酒，自己往意大利移民，那肯定得带点土特产来吧?

另一个起源是意大利本土的伊特鲁里亚人，这帮家伙早期的时候脑子那么好使，据说是无师自通地掌握了不少酿酒技术。如果这个文明在末期的时候不是那么不思进取、自甘堕落，把意大利葡萄酒发扬光大的没准儿就得是伊特鲁里亚人。

最后一个起源就是腓尼基人。他们更像做国际贸易的商人，只是贸易商，并不是生产商，说白了就是一帮倒儿爷，负责组织货源、联系客户，赚个差价，西西里岛不就是让他们这么给带动着致富了吗?

在前文提到过，腓尼基人来到这个西西里岛以后，教会了当地人怎么做生意，把这里的人从土著变成了“土豪”，然而在100多年以后，希腊人一来，开始向当地人大肆传播文化，当地人一个个地从生意人变成文化人了。后来希腊人在意大利南部发展教育，把整个意大利南部的父老乡亲教育得一个个出口成章呀。就这么历经了几百年之后，希腊文化在意大利南部已经是根深蒂固了。

古希腊在意大利南部建立城邦之后，没少把自己国家的好东西往外带，同时将古希腊文明引入意大利，其中自然也包括葡萄酒酿造工艺。古希腊种植葡萄和酿制葡萄酒的历史非常悠久，古希腊人大约是公元前 5 世纪开始在意大利南部（不包括西西里岛和撒丁岛）种植葡萄和酿制葡萄酒的。

由此可以猜测，普利亚应该是继西西里岛之后，意大利最早种植葡萄和酿制葡萄酒的产区。

普利亚有着 800 多千米的绵长海岸线，三面环海，东邻亚得里亚海，东南面向伊奥尼亚海，南面则邻近奥特朗托海峡及塔兰托湾，这里是典型的地中海型气候。

曾经在很长一段时间里，当地的酒庄和酒商们对这片土地并没有抱太大信心，甚至打算干脆咱不种葡萄了，做点别的吧。但是后来，有两个原因使得他们坚持到了现在，一个原因是他们看到了意大利南部其他产区的发展状况，就是前文讲过的卡拉布里亚、坎帕尼亚、巴西利卡塔。他们一看“街坊四邻”的葡萄酒产业都发展得那么好，咱们和它们挨得这么近，

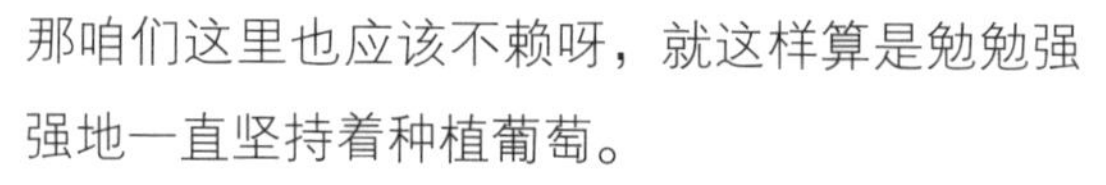

那咱们这里也应该不赖呀，就这样算是勉勉强强地一直坚持着种植葡萄。

还有个最重要的原因是，他们遇到救命稻草了，就是在巴西利卡塔的马泰拉子产区酿造当地桃红起泡酒的主要葡萄品种——普里米蒂沃。

现如今，说到这个普里米蒂沃葡萄，估计好多人首先想到的就是美国加利福尼亚州的那个金芬黛。没错，这两个品种是同根生。18 世

纪，在克罗地亚有一个叫唐·弗朗西斯科的传教士，他对于葡萄酒有着近乎狂热的痴迷。他在克罗地亚培育出了一种葡萄，当时的名字叫特里比达。

也不知道他当时是怎么捣鼓的，这种葡萄成熟得特别快，而且适应能力极强，很快这个传教士开始向外宣传这种葡萄。当他来到意大利的时候，意大利内部的各个产区已经形成了自己的风格，所以他的这种葡萄并没有多大的发展空间。

当弗朗西斯科到了普利亚，正赶上此地经历葡萄酒产业的低谷期，大家都准备收摊儿不干了，这个时候，他带着这种葡萄来了。这种葡萄在当地一种，结果长得真不错，让当地人看到了继续发展葡萄酒产业的希望。因为这种葡萄的及时到

来，才让普利亚这边继续了葡萄酒事业，所以这种葡萄在普利亚落地生根之后，当地人根据地名给它起了个名字叫普里米蒂沃。之所以起这个名字，首先是因为普里米蒂沃和普利亚的发音很接近，其次是因为普里米蒂沃在意大利语中有“第一”的意思。看来当地人对于这个葡萄品种抱有很大的期望。

1829年的时候，特里比达葡萄被引进到美国纽约长岛，在当地的生长情况也是相当好，逐渐就成了今天的金芬黛。

所以，请记住一条：普利亚著名的葡萄普里米蒂沃和美国加利福尼亚州的金芬黛都源于克罗地亚的葡萄品种特里比达。

普里米蒂沃酿的葡萄酒的特点总结起来就是：带有红樱桃和草莓等香味，有时还带有烟草和焦油的气息。

根据普利亚的地理位置和气候特征——三面环海，典型的地中海型气候——来判断，那就是热，得出的结论是普里米蒂沃酿的葡萄酒酒精度都很高。

普利亚其实主要有三大葡萄品种，除了普里米蒂沃，还有黑曼罗（Negroamaro）以及黑托雅（Nero di Troia）。在普利亚，位于最南端的萨伦托半岛则是最适宜种植黑曼罗的地方。说一嘴，萨伦托半岛和前文提过的他林敦是挨着的。在历史上，罗马骑兵和古希腊的“大象军团”是在这儿打过仗的，说明这里的地形肯定是平原，你有见过谁家大象爬悬崖吗?

这里距离巴西利卡塔也很近，受乌尔图雷死火山的影响，这里的土壤以黏土和石灰岩为主，并掺杂沙质土壤，从亚得里亚海和伊奥尼亚海吹来的海风给萨伦托半岛带来一丝凉爽，这就导致了这里的黑曼罗味道不太甜，酿出来的葡萄酒味道就没有那么浓郁，酒精度也就没有那么高。但是，这种葡萄酿出的酒，最大的风味特征是苦涩。

就这个黑曼罗的名字，把它的外文“Negroamaro”拆开来看，“negro”在拉丁文里是黑色的意思，而“amaro”在希腊语里也是黑色的意思，这是因为黑曼罗的颜色非常深;而“amaro”在意大利语里则是苦涩的意思，巧妙地暗示了黑曼罗略带一点让人玩味的苦，自然酿出来的酒也有这种特征。

历史上，萨伦托也曾出产一些基酒，用以与其他酒混酿，使那些缺乏活力的酒颜色更深、酸度更高，但萨伦托现在不再这样做了。现在，黑曼罗才是萨伦托的名片，代表着其身份、地位和传统文化以及历史底蕴。当地人对黑曼罗十分专注，致力于将祖传酿酒工艺发扬光大，将历史文化具象化，展现出了无与伦比的萨伦托精神。

普利亚还有一个比较著名的子产区叫作蒙特堡，这个地方种植的代表葡萄品种是黑托雅。

其实，普利亚大区的很多城镇都有种植黑托雅的历史，除了蒙特堡，还有卡诺萨、切里尼奥拉、巴列塔、圣费尔迪南

多以及特里尼塔波利等。但只有蒙特堡的黑托雅种植面积经历过大起大落的变化：20 世纪 70 年代初期曾达到 15 000 多公顷，然而后来被根瘤蚜虫害那恶心事一闹，只剩下不到 2 000 公顷，简直是灭顶之灾呀。就在这个关键时刻，变革刻不容缓。

当地那些酒庄一看，咱已经被霍霍成这个样子了，想恢复成原来那种规模估计是不可能了，干脆咱们走走高端路线吧。从那会儿开始，蒙特堡的酒庄通过降低葡萄产量、改善窖藏方法、改良传统种植方法等方式，使黑托雅这种有着特殊单宁口感的葡萄成为蒙特堡顶级红葡萄酒的奠基石。没过多久，黑托雅葡萄酒就在整个意大利大放异彩。

绝大多数由黑托雅这单一品种酿造的葡萄酒是在橡木桶里陈年的，小橡木桶和大橡木桶都有用到。此种葡萄酒的口感通常浓郁，带有莓果（黑莓、醋栗、樱桃）的香气，并伴有玫瑰与紫罗兰等花香。除此以外，有的黑托雅葡萄酒还有一种特殊的辛香，这跟橡木桶的选择以及酿造的年份都有密不可分的关系。时至今日，随着种植与酿造技术的不断发展，黑托雅葡萄酒更能反映出品种以及风土本身的魅力，口感不再咄咄逼人，而是十分醇厚，透着成熟的果香，单宁饱满又均衡沉稳，

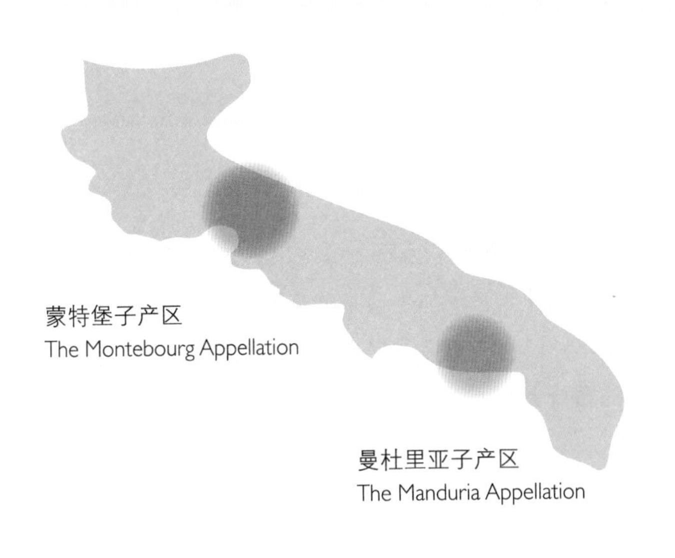

整体气质十分优雅。

我们要说到的第三个子产区，也是整个普利亚最具发展潜力的——曼杜里亚子产区。这里的气候非常极端，土地也十分贫瘠，但正是这样的环境造就了非同一般的葡萄品种。这里的主要葡萄品种，就是咱们刚刚提到过的普利亚的救星——普里米蒂沃。

过去，曼杜里亚的普里米蒂沃默默无闻。当地的酒商与酿酒师思量再三，决定打破传统，以更现代的手段来酿造葡萄酒，降低氧化程度，使葡萄酒的果香更充沛，口感更干净，香气更丰富。这种改革提升了普里米蒂沃在意大利国内的人气，因为意大利的葡萄酒大多数是酸味的，要不就是酒精度倍儿高的，这个曼杜里亚的普里米蒂沃葡萄别出心裁，搞出一个清新款，那么对于做事不拘一格的意大利人来说，是不是能够在很大程度上提升他们的积极性？

技术上的革新同样带来了品质上的飞跃，这些新一代的葡萄酒不仅保留了普里米蒂沃与生俱来的浓烈味道，还展示出了前所未有的清爽感。而在众多的普里米蒂沃葡萄酒之中，曼杜里亚所出产的质量最为上乘，可以说给地中海葡萄酒设立了一个新标杆。

在这里呢，我还要说明一点：刚刚提到过的普利亚的三个代表子产区，并不是仅仅代表三种葡萄的单酿品。这地方跟巴西利卡塔一样，如果一瓶酒的酒标上面写着某个葡萄品种，

表示这款葡萄酒是使用 90% 以上的该葡萄品种酿造的，并不一定是 100%。就比如说，刚才说过的萨伦托的黑曼罗葡萄酒，就是喝起来倍儿苦的那个，它在很多时候会加入不高于 10% 的梅洛或者桑娇维塞来酿造，因为仅仅使用黑曼罗确实比较苦，需要中和一下味道。

小结

一、 普利亚概述

1. 它是意大利较为古老的葡萄酒产区之一。
2. 这里位于意大利东南部，是典型的地中海型气候，较为炎热。
3. 此产区原名叫阿普利亚，意思是水的女儿，产区内河流纵横交错，水分充足。

二、 普利亚著名的葡萄品种

1. 普里米蒂沃，该品种和美国加利福尼亚州的金芬黛都源于克罗地亚葡萄品种特里比达，它适应能力强，成熟速度较快。
2. 黑曼罗，该品种名称的意思是黑色的苦味，颜色偏黑，成熟速度较快，单宁较重，味道偏苦。
3. 黑托雅，有着特殊的单宁口感，绝大多数黑托雅葡萄酒都是在橡木桶里陈年，口感浓郁，带有莓果(黑莓、醋栗、樱桃)的香气，并伴有玫瑰与紫罗兰等花香。

三、 普利亚葡萄酒代表及特点

1. 萨伦托半岛的黑曼罗干红葡萄酒

   特点：味道浓郁、苦涩，口感饱满，单宁较重，陈年能力较强，在5年以上。

饮用建议：控制在12℃~15℃，醒酒40分钟后，配合重口味荤腥类食物饮用，酒中剩余的单宁可以很好地中和食物的油腻。

识别标识：酒标上标有“Salento”以及“Negroamaro”的字样。

2. 蒙特堡子产区的黑托雅干红葡萄酒

   特点：有较为浓郁的香料及黑色水果香气。

   饮用建议：控制在12℃~15℃，醒酒20分钟后，配合家常小炒类菜肴饮用。

   识别标识：酒标上标有“Castel del Monte”以及“Nero di Troia”的字样。

3. 曼杜里亚子产区的普里米蒂沃干红葡萄酒

   特点：味道清新，果香味十足，是整个普利亚的精华。

   饮用建议：控制在10℃~15℃，也可以开瓶即饮，如若醒酒，时间不宜超过20分钟。

   识别标识：酒标上标有“Manduria”以及“Primitivo”的字样。

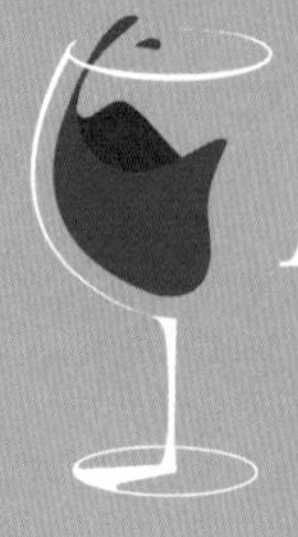

Abruzzo & Molise
阿布鲁佐的果香葡萄酒和莫利塞的白玉霓

在这一小节中，我们来讲讲意大利中部偏南的两个产区——阿布鲁佐和莫利塞。

这两个产区从行政关系上来说，都归阿布鲁佐大区管辖，但实际上它们俩无论是从历史、文化、地理，还是从葡萄酒的风格上来看，都有着很大的不同。

目前来说，大多数消费者对这两个产区的葡萄酒没有太多深入了解，因为市面上的资料对它们描述不多，即便是专业的品酒师，很多也倾向于用一些很一般的语言来形容这两个产区的葡萄酒，而且基本上也是一笔带过，不像对待朗格产区或经典奇安蒂产区，介绍得很详细，有具体的葡萄品种、地质信息、风土、文化和其他方面。

先说说这个阿布鲁佐产区。阿布鲁佐这个名字源于拉丁语“abruptus”，意思是“陡峭的”“险峻的”。冲着这个名字，我们就知

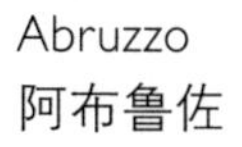

Abruzzo
阿布鲁佐

道了，这又是一个多山的地方。

这个阿布鲁佐，论风景算是意大利最美丽的地区之一。当地的葡萄酒，算是在发展阶段，但是当地的美食，那绝对可以说是意大利的招牌。当地出产全欧洲最好的藏红花、白松露、牛肝菌，而且这地方靠近海，还出产独具风味的甲壳类海鲜。

阿布鲁佐的东边是亚得里亚海，海风非常温和，不像南边那个米斯特拉风，一刮那个猛呀，恨不得让人不敢出门。而且这股海风是由东向西吹的，希腊人早期能在意大利成功登陆，说白了，很大程度上是靠着这股海风给吹过来的。

但是，阿布鲁佐这地方既然风景那么优美，希腊人来了以后怎么不在这地方歇歇脚、泡个温泉啥的，而是马不停蹄地直接向南奔西西里岛去了呢？

原因也简单，以当时的那个技术条件来说，希腊人想从阿布鲁佐进入意大利，压根儿没戏。为什么没戏，那就得说说这里的地形了。这个意大利呀，是多山的国家，阿布鲁佐这里的山更是出奇地高。这里的最高山叫大萨索山，呈西北至东南

走向，想翻越大萨索山进入意大利？门儿都没有。同样，也正是因为这座山，阿布鲁佐地区的气候被一切为二。因为这座山把海风给挡住了呀，所以山的西边大概 70% 的面积属于大陆性气候，冬季寒冷多雪，夏季凉爽。而山的东边，就是靠近海的一侧约 30% 的面积是地中海型气候，气候温和，有时候还挺热。这里的土壤也非常多样，有泥灰质黏土、复理石和石灰岩土壤。出于这些原因，阿布鲁佐产区的葡萄酒值得注意的地方就是差异化，即便是相同的葡萄品种酿出来的酒。

阿布鲁佐产区的葡萄酒，最明显的特点就是麻雀虽小，五脏俱全，就是这里每个地方的葡萄酒都有自己非常显著的特点。

在山的那边，海的那边，种葡萄的地方不一样，酿制出的葡萄酒，味道也有挺大的差别。总体上来说，阿布鲁佐产区葡萄酒的差异就在于：内陆地区的葡萄酒，味道偏酸，酒体偏轻；而靠海地区的葡萄酒，味道比较浓烈，酒精度较高。至于原因，还是那四个字——冷酸热甜。

关于阿布鲁佐的酿酒葡萄，最具代表性的红葡萄品种叫作蒙特布查诺，源于意大利中部。由于该品种与坐落于托斯卡纳大区内的蒙特布查诺子产区名称一致，因此很多人将生长在蒙特布查诺子产区附近的桑娇维塞误认为蒙特布查诺葡萄，其实不是的。这个葡萄品种，虽然名为蒙特布查诺，却在阿布鲁佐产区发光发热，与桑娇维塞属于完全不同的葡萄品种。在整个意大利中部地区，除了桑娇维塞，蒙特布查诺是种植面积最广的葡萄品种。

蒙特布查诺这种葡萄颜色深、产量高，而且皮厚，皮厚肯定不容易成熟，所以我们就可以推断出：蒙特布查诺属于晚熟品种。该品种对霜霉病以及灰霉病、腐烂病有较强的抵抗力，但抗旱能力较弱，对于水分的依

赖性较大。

这个葡萄品种酿出的葡萄酒不但酒色深沉，更有明显的单宁。在过去，拥有这种特质的葡萄经常会被运送到一些寒冷地区，与当地那些味道比较淡、口感很干瘦的葡萄酒进行调和，但是这种勾兑的葡萄酒在以前总是给人一种档次不够高、上不了台面的感觉。近些年，阿布鲁佐产区的酿酒师们开始研究用蒙特布查诺酿造一些属于自己的葡萄酒，到现在为止，可以说取得的成绩还不错，尤其是这些葡萄酒的陈年能力非常强。当然，这些葡萄酒在国际舞台上也赢得了不少掌声！

阿布鲁佐的另一代表品种是瑟拉索罗，用来酿造桃红酒款——瑟拉索罗（Cerasuolo）葡萄酒，阿布鲁佐人通常以方言“Cirasce”（樱桃）称呼。

在前文中，我也曾提到西西里岛的维多利亚瑟拉索罗的DOCG级葡萄酒，两者从名称上看都与樱桃有关，但酒款可是大不相同。阿布鲁佐的瑟拉索罗葡萄酒在酿造过程中，只会经过短暂（8~10小时）的浸皮，大部分是依照传统的、以酿白葡萄酒的方式酿制而成，而那款维多利亚瑟拉索罗葡萄酒是采用放血法和混合法酿制而成的。

阿布鲁佐产区目前的DOCG保证法定产区只有一个，即特拉玛内丘陵保证法定产区（Colline Teramane DOCG）。但是要说明一点，这里还有一个DOC子产区，即阿布鲁佐蒙特布查诺法定产区（Montepulciano d'Abruzzo DOC）。这两个地方挨得很近，要注意别混淆。首先，两个子产区之间最大的区别就在于产量，特拉玛内丘陵子产区的葡萄产量限制在每公顷 9 500 千克，而阿布鲁佐蒙特布查诺子产区的葡萄产量是每公顷 14 000 千克。其次，阿布鲁佐蒙特布查诺子产区的葡萄酒在葡萄收获后的第二年的 3 月即可上市，而特拉玛内丘陵子产区的葡萄酒，即便是最普通的酒款，也需在葡萄收获后的第二年的 11 月才可上市，要是珍藏版的葡萄酒，则至少需要 3 年的陈年时间才可上市。

特拉玛内丘陵子产区主要分为两大部分，即北部的维布拉塔河谷产区和南部的沃马诺河谷产区。北部维布拉塔河谷产区多为丘陵，地势缓和，以平原为主；南部沃马诺河谷产区多为冲沟和溪谷，地势陡峭，以山地为主，土壤更加紧实。不同的环境也使得即使同在特拉玛内丘陵子产区，南北小产区的葡萄酒风格也有所不同。维布拉塔河谷产区的土壤成分比较丰富，土壤的含水量也比较高，而且土壤都是比较疏松的，有利于葡萄树的树根往深层扎，这就使得这里的葡萄酒味道偏酸，而且带有一种矿物质的香气。而沃马诺河谷产区山多，地形是以岩石为主，岩石最明显的特点就是蓄热性好，所以南部的葡萄酒特点就是偏甜，口感浓郁，酒精度高，小心喝多了上头！

通常来说，在特拉玛内丘陵子产区的年轻[1]葡萄酒中，可

---

① 指葡萄酒的酿造时间在 3 年以内。

以找到很多水果的香气，比如黑莓、蓝莓等，随着陈年时间的不同，葡萄酒会呈现出各种香料的味道，比如香草、胡椒，还有咖啡的香气等，这主要是由陈年时的橡木桶不同所造成的。总体来说，特拉玛内丘陵子产区的葡萄酒酸度适中，既可以在它年轻的时候享用，它也能经得起陈年。

阿布鲁佐产区的烹饪习惯和中国的有很多相似之处，尤其是这里的人们经常食用辣椒，因此这里的葡萄酒和中国喜辣地区的中餐也能很好地融合。

还要补充一点，阿布鲁佐产区的葡萄酒之所以目前还没有发展起来，并不是因为这儿的葡萄酒不好，而是有一个客观原因，就是2009年的那场大地震，在当地造成了上千人的伤亡，基础设施的损坏程度十分严重。就这事闹得，之后的好几年，阿布鲁佐还没有完全恢复元气，当地经济仍在苦苦挣扎。经济都没有完全复苏，那葡萄酒的发展就多多少少会受点影响。

阿布鲁佐的事说完了，我们再来说说这个莫利塞。莫利塞产区是意大利面积最小的葡萄酒产区之一，这里的葡萄酒历史可追溯至公元前500年，但在20世纪60年代以前，该产区一直被归在阿布鲁佐产区内，直到1963年，它才成为一个独立的产区。20世纪80年代时，莫利塞又增加了两个DOC子产区——比费诺（Biferno）和本多帝依塞尼（Pentro di Isernia）。

比费诺子产区出产的葡萄酒包括红葡萄酒、白葡萄酒和桃红葡萄酒，其中，白葡萄酒主要是用白玉霓（Ugni Blanc，当地人称作“Trebbiano”）和少量博比诺（Bombino）调配而

莫利塞
Molise

成；而红葡萄酒则是用蒙特布查诺与少量的艾格尼科及白玉霓调配而成。本多帝依塞尼子产区也出产以上三种类型的葡萄酒，与比费诺子产区不同的是，其红葡萄酒是由蒙特布查诺与桑娇维塞调配而成。

莫利塞产区的地形较为多变，南部山区和山谷之中聚集了产区内的多数葡萄园，山腰的一些葡萄园能够享受充足的空气和阳光。此外，莫利塞产区因处于亚平宁山脉和亚得里亚海之间，还拥有不同的气候类型，这又为各种葡萄树的顺利生长提供了十分有利的条件。白玉霓干白葡萄酒是这里的代表葡萄酒，口感十分清爽，来这里的话一定要尝尝才不枉此行。

阿布鲁佐

一、 阿布鲁佐概述

这里多山，尤其是大萨索山将本产区一分为二，西部约 70% 的面积为大陆性气候，东部约 30% 的面积为地中海型气候。

二、 阿布鲁佐著名的葡萄品种

1. 蒙特布查诺，颜色深沉、皮厚、单宁较高，充满典型的热带黑色水果果香，晚熟并且产量较高。
2. 瑟拉索罗，颜色清亮、皮薄，充满典型的热带红色水果果香，产量较高。

三、 阿布鲁佐葡萄酒代表及特点

1. 蒙特布查诺干红葡萄酒

   特点：有较为浓郁的黑色水果果香及烟熏的风味。

   饮用建议：控制在 14℃ ~16℃，醒酒 20 分钟后，配合重口味肉食或者较油腻的食物饮用。

   识别标识：酒标上有“Montepulciano d’Abruzzo”的字样。

2. 瑟拉索罗桃红葡萄酒

特点：有较为明显的红色水果果香及脂粉的气息。

饮用建议：控制在10℃~12℃，冰镇后配合清爽口味食物饮用。

识别标识：酒标上标有“Cerasuolo d'Abruzzo”的字样。

小结

莫利塞

一、　莫利塞概述

1. 它是意大利最小的葡萄酒产区之一，一直隶属于阿布鲁佐产区，在20世纪60年代才成为一个独立产区。
2. 这里的地形较为多变，南部山区和山谷之中聚集了多数葡萄园，而山腰的一些葡萄园能够享受到充足的空气和阳光。

二、　莫利塞著名的葡萄品种

白玉霓，颜色明亮，充满典型的热带白色水果的香气，产量较高。

三、　莫利塞葡萄酒代表及特点

白玉霓干白葡萄酒

特点：味道清爽，有较为明显的白色水果的香气及蜂蜜的气息。

饮用建议：控制在 10℃ ~12℃，冰镇后饮用，可搭配味道清淡的下午茶类食品或者餐前沙拉。

识别标识：酒标上有“Ugni Blanc”或者“Trebbiano”的字样。

Lazio 拉齐奥的"就是它！"

这一节来讲讲意大利非常有名的一个产区——拉齐奥，罗马就是被这里包围着的。

说起这个拉齐奥的葡萄酒，这两年那是越来越多地往中国销售。与此同时，国人对于拉齐奥的葡萄酒，那也真是敞开怀抱热烈欢迎，买的是越来越多。不过，"上当"的人也不少。倒不是说他们买了假酒，而是很多人脑子里都有这么一种印象：这地方因为挨着意大利的首都罗马，所以造的东西那肯定都是高端、大气、上档次的。

其实，拉齐奥的葡萄酒，平心而论，虽然不错，但也不至于卖得那么贵。以后遇见这个产区的葡萄酒，大家千万别因为这地方挨着首都，就把这里的葡萄酒当成宝贝，那样会花很多冤枉钱。

拉齐奥产区位于意大利中部偏西，东为亚平宁山脉，西濒第勒尼安海，北边就是著

名的托斯卡纳。拉齐奥的气候呈东西向被分为两种，西边靠近海，属于地中海型气候，炎热干燥；而东边属于大陆性气候，气候比较湿润凉爽。这地方以丘陵和平原为主，多岩石，土壤以火山岩以主，十分肥沃，排水性好。

拉齐奥最主要的葡萄品种有两大类：一类是白葡萄品种，包括玛尔维萨、特雷比奥罗（Trebbiano）；另一类是红葡萄品种，包括赤霞珠、梅洛、桑娇维塞、蒙特布查诺和切萨内赛（Cesanese）。

近些年，拉齐奥也没少生产干红葡萄酒，但说实话，成绩一般。为什么呢？来看看本地的红葡萄品种：桑娇维塞，那是人家托斯卡纳的宠儿；蒙特布查诺，则是阿布鲁佐的特产。论起这两个品种，拉齐奥肯定没法和这两个产区相比。就好比说，如果在北京全聚德边上开家其他品牌的烤鸭店，你觉得这家店的生意会怎么样？

拉齐奥，倒霉就倒霉在这儿了。当地好不容易有个切萨内赛葡萄，但是这玩意儿不好养活。所以，多年以前，也不知道是谁，看见意大利南部几个地方引进了一些国际葡萄品种，做出了不错的成绩，这个人也给拉齐奥当地出主意，想来个依葫芦画瓢，就这样，把赤霞珠和梅洛给引进来了。这么一弄，这个瓢没画出来，反倒成了东施效颦。

这是怎么回事呀？拉齐奥之前的名字叫拉丁姆，在拉丁文中就是最高处的意思，因为它就位于一座死火山的山口上。火山岩和火山灰对于葡萄的成熟非常有帮助，因为这种土壤的温度相对比较高，但是火山口的这个土壤温度是不是有点太高了？就好比我们大冬天躺在电热毯上面睡觉很舒服，但是你躺在电磁炉上面睡一个试试？

因为这地方的土壤温度实在是太高了，所以葡萄都熟得有点早，就跟平时烧水似的，烧得越旺，水开得就越快。但是当地引进的那些红葡萄品种，那都是典型的晚熟型葡萄，结果来了拉齐奥这儿，一个个都熟得倍儿早，导致自身的风味根本就发挥不出来，这样酿制出来的葡萄酒，那能好喝得了吗？再加上本地的酿酒师可能水平也有限，想逆天而行，但确实差点儿火候。

但是，别看当地的红葡萄酒一般，但白葡萄酒，那可是比较优质的，特别是靠近罗马南郊的丘陵地区有很多生产干白葡萄酒的著名子产区，其中以弗拉斯卡蒂最为有名。这个子产区的葡萄酒不论是干白、甜白，还是半甜白，都非常受欢迎。

意大利白葡萄酒“三剑客”

弗拉斯卡蒂（Frascati）

*

奥维多（Orvieto）

*

苏瓦韦（Soave）

弗拉斯卡蒂白葡萄酒是由玛尔维萨和特雷比奥罗混酿而成的，当然有时候也会包括霞多丽等其他白葡萄品种。它与苏瓦韦白葡萄酒和奥维多白葡萄酒并称为意大利白葡萄酒“三剑客”。弗拉斯卡蒂白葡萄酒既可以呈干型也可以呈甜型，其酒精度相对较低，常带有柠檬和燧石风味，这和当地的火山土壤有着密切的关系。

当然，这地方最著名也是最有意思的葡萄酒叫作“Est！Est！！Est！！！（di Montefiascone）”，中文译名为“就是它！就是它！！就是它！！！”。这名挺有意思的吧？

就这地方，说起来还有一段故事呢。相传在12世纪的时候，罗马教皇的神权受到了非常大的冷落，就算教皇在上面坐着，身边人也谁都不理他。但在当时，有一位德国主教，名字叫约翰·福格，这哥们儿也不知道是怎么了，非得前往梵蒂冈，就想看看这位教皇。这位教皇那天天地没人说话，也没人跟他玩，一个人待着正空虚寂寞冷的时候，忽然间一听有人专程从德国过来看自己，这给教皇高兴的，立刻摆出一副“有朋自远方来，不亦乐乎”的样子。教皇马上吩咐手下人：“去，给这位主教准备最好的房间，好酒好菜都拿出来招待着。”人家大老远来，那得带人家在意大利玩玩吧？当时教皇就亲自给德国主教规划了一条他认为最好的旅游路线。

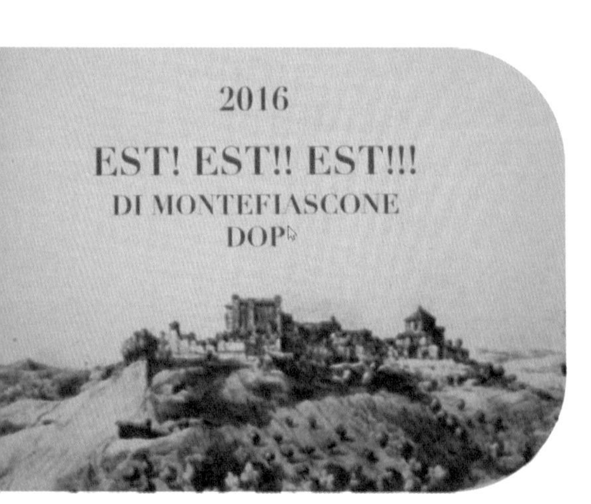

按说这位德国主教来了以后就按照教皇给他安排的内容玩呗，该吃吃，该喝喝，顺带着按照教皇安排的旅游路线在意大利玩玩，看起来应该挺不错

的吧？还真不是，他当时拍教皇的这个马屁呀，说实话没太拍好，还差一点儿让马给尥一蹶子。

这位德国主教是个葡萄酒爱好者，他一听说意大利有不少葡萄酒，那是一路走一路喝，但是一直找不到特别让他满意的那种风味。这是因为他是德国人，德国葡萄酒的最大特点是甜，酸度比较低，酒精度也偏低。而意大利葡萄酒的风味正好和德国的相反，倍儿酸，酒精度还高，还不怎么甜。结果，约翰·福格一路走一路喝，越喝越郁闷，越喝越不得劲儿，到最后他都准备放弃了。

但是，就在快要放弃品尝意大利葡萄酒的时候，他在当地的一个小酒馆里面偶然间尝到了一款葡萄酒。这款葡萄酒的风味和德国葡萄酒非常像，这就等于在异国他乡品尝到了家乡的味道，这一下子把德国主教这家伙给兴奋坏了，直接蹦起来就喊："就是它！就是它！！就是它！！！"并且他当时把"就是它！就是它！！就是它！！！"直接写在了这个酒馆的门上，就类似于某某某到此一游。但是他做梦也没想到，自己这么一喊，竟然给意大利"喊"出一个产区来。他当时喝酒的那个小酒馆叫蒙特菲亚斯科内（Montefiascone）。

等德国主教一拍屁股走了，教皇一看，既然他这么喜欢这款葡萄酒，那这一片以后就专门酿这个了！于是教皇决定在这地方开辟葡萄园，开始酿葡萄酒，但是这个产区叫什么名好呢？估计当时那教皇文化水平也不怎么高，想不出什么有创意的名字来，他就把德国主教吼的那一嗓子再加上这个小酒馆的名字组合在了一起，这就成了今天拉齐奥最著名也是最滑稽的一个葡萄酒子产区。

所以，拉齐奥最著名的代表作——蒙特菲亚斯科内子产区的3E葡萄酒这么有名并不一定是因为好喝，更重要的是这个奇葩名字的由来和那段滑稽的历史。

现今，在蒙特菲亚斯科内的一座教堂内树立着一座墓碑，据说是约翰·福格主教的坟墓。蒙特菲亚斯科内每年都会在约翰·福格的忌日当天举行纪念活动，就那个活动，说是为了纪念，其实呢，人去了就是一通大吃大喝。纪念活动中的一项重要内容，就是把3E葡萄酒倒在约翰·福格主教的墓碑上。说起来，这也真够糟践东

西的。

20世纪中期，这个蒙特菲亚斯科内子产区开始在葡萄园内种植玛尔维萨、特雷比奥罗，并且当地依靠这两个品种很快就晋升到了DOC级别。

但是这地方的葡萄酒，对国外出口的并不多，一个原因是产量所限，产点葡萄酒还得先紧着罗马那边用。话说每年到了约翰·福格主教的忌日，还得拿来给他的墓碑“浇水”，所以也就没有太多的富余去出口。还有一个原因是这地方这些年净发展旅游业了，对于葡萄酒产业的重视不够。这么一个历史悠久的地方，到了现在连个DOCG级别都评不上，就很能说明问题了。

而关于这个3E葡萄酒，对它的评价可以说是众说纷纭、各执一词，有人说这是“最奇怪的葡萄酒、最滑稽的名字”，因为他们觉得这地方的葡萄酒就不是传统的意大利风格。真要论起来，人家说的话倒也没毛病，传统的意大利风格葡萄酒那不是招待不了那位德国主教吗？也有人说“这款酒的历史情怀比它在杯子里面的表现，更让人觉得惊奇和不可思议”，的确，如果是喝惯了意大利葡萄酒的朋友们，可能不太适应这款葡萄酒的味道，确实比较甜，但如果是个甜酒控，人家又会觉得这款葡萄酒比较酸。

为什么会这样？这得看看蒙特菲亚斯科内子产区当地的土壤。这地方的地形和它的名字一样奇怪，由一堆火山围成一圈，中间还有个湖泊，叫博赛纳湖。根据意大利对DOC产区的规定，这个级别的葡萄酒，从葡萄的种植、采摘到酿

制都必须在指定的区域内进行。当地还规定，葡萄酒的酒精度必须至少为 11 度；每一款葡萄酒，特雷比奥罗品种的使用率要控制在 50%~65%，而玛尔维萨品种的使用率要控制在 10%~20%，剩下的部分可以配置一些当地其他的葡萄品种。

当地葡萄酒的典型香气是那股略带酸涩的青苹果味道，同时还有一点点蜂蜜和香梨的味道，风格总结起来就是甜酸甜酸的。要记住了啊，这儿的葡萄酒是先甜后酸的。

当地的红葡萄品种，总体来看，酿造情况都不算很好，如果非要在矮子里面拔将军，那也就数切萨内赛葡萄了。这种葡萄主要用于酿制干型葡萄酒，果香突出，有桑葚和多香果的味道。

切萨内赛严格来说是一类葡萄的统称，主要是普通切萨内赛（Cesanese Comune）和阿菲莱切萨内赛（Cesanese di Affile）。相传在1600年的时候，当地的一位果农，名字叫索德里尼，他把托斯卡纳的桑娇维塞移植到了拉齐奥，继而衍生出这么个新品种。之后，索德里尼以自己家乡的名字为基础，给这个新品种起了名字，叫作切萨内赛。切萨内赛的名字来源于“Cesano”（切萨诺）一词，它是罗马南部的一个村庄。

切萨内赛几乎只在意大利的拉齐奥种植，其中普通切萨内赛的种植最为广泛，而阿菲莱切萨内赛则被认为更优质一些，其带有荔枝的香气。据传，在1820年，一位西西里

岛的僧侣将切萨内赛引入并种植在罗马南部的阿菲莱，逐渐培育出了阿菲莱切萨内赛葡萄，如今该品种还是主要在当地种植。

切萨内赛的种植和酿造都有一定的难度，因为这种葡萄就跟林黛玉似的，太娇气了，对于水分、土壤、风力、酿酒师的技术等各个方面都要求非常高，而且这种葡萄本身对于外界的任何不利因素是没有抵抗能力的。黑皮诺还能抗寒呢，蒙特布查诺还能抗病虫害呢，它呢？什么能耐也没有。

所以用这个切萨内赛酿的葡萄酒，只能偶尔达到人们的期望值。这款葡萄酒虽说档次一般，但你要是有时间、有精力去可劲儿地淘的话，没准儿真能淘到一些不错的。

关于怎么淘切萨内赛葡萄酒，我在这里提供个参考。在拉齐奥共有 3 个子产区允许酿造由 100% 的切萨内赛酿制而成的葡萄酒，分别是皮里奥切萨内赛（Cesanese del Piglio）、阿菲莱切萨内赛（Cesanese di Affile）、奥莱瓦诺罗马诺切萨内赛（Cesanese di Olevano Romano）。真要是想淘这款葡萄酒，可以到这 3 个地方去。

拉齐奥的DOCG子产区一共有 3 个，第一个是弗拉斯卡蒂利马豆子产区（Cannellino di Frascati DOCG），这里主要出产甜白葡萄酒；第二个是前文提到过的皮里奥切萨内赛子产区，出产切萨内赛单品干红葡萄酒；第三个是超级弗拉斯卡蒂子产区（Frascati Superiore DOCG），这里的葡萄酒是由大概 70% 的玛尔维萨和 20% 的格雷克混酿的，还能添加 10% 的其他白葡萄品种，这里主要出产优质干白葡萄酒。这

3个DOCG子产区呢，说实话还真不如那个“就是它！就是它！！就是它！！！”的名气大，但是其葡萄酒的品质也还算不错。

小结

一、 拉齐奥概述

1. 原名叫作拉丁姆，是罗马帝国首都所在地。
2. 坐落于火山口，海拔较高，土壤温度较高，不适合种植晚熟型的葡萄品种。
3. 地区的气候呈东西向被分成两种，西边靠近海，属于地中海型气候，炎热干燥；东边是内陆，属于大陆性气候，比较湿润凉爽。
4. 地形以丘陵和平原为主，多岩石，有火山岩，土质肥沃，排水性好。

二、 拉齐奥著名的葡萄品种

1. 玛尔维萨，适应力强，种植范围广泛，甜度较高，酸度较低。
2. 特雷比奥罗，是白玉霓葡萄在意大利语中的常用名称，呈现金黄色，产量较高。
3. 切萨内赛，表皮颜色深，单宁较重，香气馥郁，是一个非常晚熟的品种；产量较高，但是容易感染病菌，所以不易种植。

三、 拉齐奥葡萄酒代表及特点

1. 弗拉斯卡蒂白葡萄酒

   特点：有的呈干型，有的口感略甜，酒体较轻，带有爽脆的酸味。

   饮用建议：控制在12℃~14℃，配合白色肉类饮用。

   识别标识：酒标上有明显的“Frascati”字样。

2. “就是它！就是它！！就是它！！！”葡萄酒

   特点：产自蒙特菲亚斯科内子产区，味道较为清爽，虽然并没有完全展现出意大利葡萄酒的特点，但是多年来，人们对于这款酒是众说纷纭、各执一词。

   饮用建议：控制在10℃~12℃，冰镇后配合生冷海鲜或者沙拉类食材饮用。

   识别标识：酒标上有明显的“Est！ Est！！Est！！！”字样。

3. 切萨内赛干红葡萄酒

   特点：果香味道突出，通常与其他品种进行混酿，由于切萨内赛葡萄不易种植，因此该葡萄酒的口感只能偶尔达到人们的预期。

   饮用建议：控制在12℃~15℃，配合肉类食物饮用。

   识别标识：酒标上有明显的“Cesanese”字样。

Toscana 托斯卡纳的美第奇家族

这一节我们就来讲讲意大利的一个非常著名的大区——托斯卡纳。它位于意大利中部偏西，这个地名的由来也很简单，因为最早在这里居住的人就叫托斯卡纳人。

说到这个托斯卡纳，那得先从历史上的一场运动开始讲起，就是意大利的文艺复兴。这场文艺复兴运动出现的历史原因其实挺复杂的，但是总结一下，就是拜占庭帝国灭亡以后，大批熟悉拉丁文的学者逃到意大利，还带去了大量古希腊、古罗马的古籍。

这些东西一来，一下子把当时人们的思想给“打开”了。久而久之，人们对新知识的渴望越来越强，慢慢就有了后来的文艺复兴。

但是这么一场运动，说到底，不像在居委会里面搞乒乓球比赛那么简单，那是需要一个非常庞大的体系作为支撑的。那这场文

艺复兴运动背后的支持者是谁？就是在欧洲历史上鼎鼎有名的四大家族之一——美第奇家族。

文艺复兴运动的发源地是意大利的中部城市佛罗伦萨，这里现在也是托斯卡纳大区的首府。当时美第奇家族在这里统治了200多年，在这期间，美第奇家族出过三位教皇、两位法国皇后。同时，这个家族也是佛罗伦萨的学者、艺术家、科学家、文学家的主要赞助人，每一代家族继承人都对支持美和艺术有着强烈的热情。正是因为这个大家族在文学、艺术等方面的大力支持，使得佛罗伦萨在 15 世纪和 16 世纪成为欧洲文艺复兴运动的核心，而美第奇家族也通过自己的贡献，带动了托斯卡纳整体的发展。当然，其中也包括当地的葡萄酒产业。

美第奇家族的创始人叫作乔凡尼·美第奇，他本来是一名精明的商人，最先把家族推上了从事银行金融业务的道路。他当时赞助了一个叫巴尔达萨雷·科萨的人，这家伙是什么来路呢？原来他是一位天主教的研习者，而且极具领导才能。科萨依靠个人才能和美第奇家族的支持，成为新任教皇，即约翰二十三世。

科萨上位以后，自然没有忘记这个帮助过他的老朋友——美第奇家族，马上将梵蒂冈教廷的资产交由这个家族的银行管理。这等于说是美第奇家族直接成为当时教皇的“财政部部长”，教皇想花钱，都得管他们要。

但是乔凡尼可不糊涂，他明白伴君如伴虎的道理，所以在临去世之前，他嘱咐自己的儿子科西莫一定要低调行事，避免招致仇怨。没办法，因为他们家的功劳实在太大了，有道是“功高震主，其祸不远”啊。

乔凡尼死后，科西莫继承了家族的事业。跟父亲一样，他也非常重视发展家族银行业，并且把业务拓展到了整个欧洲大陆，甚至发展到了北非和土耳其。科西莫这个人，不光有才华，还特别喜欢艺术，并且非常尊重艺术家，也能够接受他们不为世人所接受的古怪性格，给予了他们充分的创作自由。当

时有这么一件事，就特别能说明这一点。著名的佛罗伦萨花之圣母大教堂，现在看着很雄伟、很壮观，但是在科西莫当家那会儿，这地方就是个笑话，为什么这么说呢？

因为这个教堂没有顶棚，就跟一露天体育场似的，赶上下雨还得被水浇。当时的教皇为什么不管这事呢？因为他管不了。当时没有人相信谁有那本事，能够在这种高度下建造一个比罗马万神殿还大的拱顶，100多年过去了，也没有人敢前来挑战。也是，万一爬上去，再一不小心掉下来可咋整？

正当人们为这事头疼的时候，科西莫站出来了。当时他手下有一个疯疯癫癫、嗜酒如命而且超级不受待见的建筑师，名字叫布鲁奈列斯基。这个人非常痴迷研究古典主义建筑，精通物理和数学。当时科西莫不知道怎么把他给找过来了，就告诉他："老布啊，你若把这事给摆平了，以后想喝什么酒管够儿。"一听这话，布鲁奈列斯基当时就把这活儿给接下来了。

后来，通过一系列缜密的计算，他决定将圆顶设计为内外两层结构，采用红砖，而不是大理石，来减轻圆顶的重量。说白了，就是把这个圆顶啊，用小块的砖头一点一点

地垒起来，别一上来就拿大理石往上面糊，那教堂的顶是球状的，能糊上去吗？并且，布鲁奈列斯基在当时还发明了起重机，这东西就是现在工地上面用的那种塔吊的原型。当时人们用这个起重机来来回回将400多万块砖头运送到了教堂顶部，用了将近20年，布鲁奈列斯基建成了一个前所未有的圆顶。

圆顶建成时，整个佛罗伦萨沸腾了，那个场面，怎叫一个热闹了得呀！老百姓称赞其“美丽的红色圆顶直触天空，整个托斯卡纳都能看见”。教堂修好了，还有个事刚才也说了，这个布鲁奈列斯基不是嗜酒如命吗？但当时他喝酒可不是乱喝，他只喝家乡的酒。他的家乡就是蒙塔尔齐诺镇，当时的教皇为了表彰他的功勋，就将他和他家乡的名字组合在一起，将他最爱喝的那款葡萄酒重新命名为蒙塔尔齐诺布鲁奈诺（Brunello di Montalcino）。

在几百年之后的今天，人们可能不记得科西莫，但会永远记住花之圣母大教堂的大圆顶和这款蒙塔尔齐诺布鲁奈诺葡萄酒。

在科西莫时期，由于美第奇家族已经发展到了一个空前的政治高度，基本上除了教皇，就数他们最有权势，这样的话，保不齐就会招来很多人的羡慕嫉妒恨，随之而来的就是没完没了的算计、告黑状、暗杀，一大堆破事。科西莫的儿子就是在外出的时候被反对派的刺客给干掉了，而科西莫本人因行事比较谨慎，所以这些招儿，对他基本没什么用。

科西莫死后，他的孙子洛伦佐和朱利亚诺在教堂做礼拜被刺，朱利亚诺被刺死，洛伦佐受伤。因为洛伦佐是美第奇家族当时唯一的男人了，所以他顺理成章地成了继任者。上位之后，洛伦佐血腥镇压反对派，很快把反对派给赶出去了。但是反对派也不是吃素的，他们当时在那不勒斯组成了同盟军，进攻佛罗伦萨。洛伦佐自知无力抵抗，便只身前往那不勒斯，说服那不勒斯国王与自己达成和平协议。

洛伦佐人称“伟大的洛伦佐”，这个人极富个人魅力，世界上杰出的艺术家最早都是他赞助的，比如波提切利、达·芬奇、米开朗琪罗、韦罗基奥等。这些大师为美第奇家族创作了一系列杰作，也让佛罗伦萨变成了欧洲文艺复兴运动的人文主义之都。

洛伦佐的宫殿为艺术家开放，成天歌舞升平，整个佛罗伦萨也受到影响，市民生活日趋精致化。但是，这家伙并不擅长经营家族银行业，家族的经营范围在欧洲大陆逐渐缩小，而洛伦佐还不得不出钱救助那些濒临破产的银行。当时，佛罗伦萨的享乐风气引起一名多明我会修士萨沃纳·罗拉的不满，他反对贵族的奢侈生活，大肆抨击美第奇家族，一时间在民众中有了不少支持者。

洛伦佐后来病重，开始思索、忏悔，要求见萨沃纳·罗拉。但是萨沃纳·罗拉这个家伙，不但没有给洛伦佐半点儿宽慰，反而对他百般诅咒，并且在洛伦佐死后控制了佛罗伦萨。萨沃纳·罗拉在市政府前点燃大火，蛊惑佛罗伦萨市民烧掉一切世俗享乐物品，包括书籍、首饰、画像、雕塑、乐器和精致的衣服等。

他这么干，当时是挺痛快的，但是别忘了，洛伦佐的后代能跟他就这么算了吗？洛伦佐的儿子上位之后，他很快就说服了当时的教皇尤利乌斯二世，派出一支军队前往佛罗伦萨进行收复。然而，当时已经“自治”的佛罗伦萨市民不愿意重新受教皇的统治。这一下，两边又打起来了。市民组织起来的军队那是乌合之众，肯定干不过教皇的正规军呀，佛罗伦萨的大街上死伤无数。最后，佛罗伦萨陷落了，又一次受美第奇家族的掌控。

但是这个萨沃纳·罗拉捡了条命，他逃往了锡耶纳，鼓动锡耶纳和佛罗伦萨接着打。就这一仗，打了10多年，到最后，双方都累了，不想打了，都觉得拉倒吧，还打什么打呀。但是，不打了，这地盘怎么分呢？据说也不知道是谁想了一招，说双方各派一名骑兵在天明鸡叫的时候从本地出发，两名骑兵相遇的地方，就是双方的分界线。这方法有意思吧？

好，这招定了之后，双方就开始在鸡的身上做文章。锡耶纳那边找了一只白公鸡，头天晚上给喂饱了，以为这样子它在第二天早上才有力气打鸣呀；而佛罗伦萨那边找了一只黑公鸡，饿了一晚上。结果呢，白公鸡因吃得太饱，第二天没起来；而黑公鸡天不亮就饿醒了，醒了就开始打鸣，然后佛罗伦萨的骑兵就开始一路跑。等锡耶纳的骑兵出发的时候，人家佛罗伦萨这边的骑兵已经不知道跑出去多远了。

后来这两名骑兵相遇的地方就是现在大名鼎鼎的奇安蒂，所以从那时候开始，奇安蒂就归人家佛罗伦萨了。为什么现在

经典奇安蒂那款葡萄酒会带个黑公鸡的标志？就是因为那会儿佛罗伦萨人觉得是黑公鸡为他们带来了这片领土。

综上，美第奇家族不仅推动了意大利的文艺复兴，而且意大利葡萄酒的八大王牌里有两个是它塑造出来的。

尤其是这个奇安蒂，这儿的葡萄酒可以说是意大利葡萄酒里面最具特色的，有那股动物皮毛的味道。所谓的动物皮毛味，可不是咱家里面养的那种宠物猫、宠物狗身上的味道，而是类似于动物饲养场中的味道。其实，意大利人倒也不见得就好这口，关键是人家那是文艺复兴的发源地的产物，受重视程

度怎么也得高点。

就最近这100多年，奇安蒂的葡萄酒为了保证品质，在1924年的时候，当地的酒农们自发建立起了奇安蒂地区葡萄酒协会。到了1932年，随着奇安蒂葡萄酒在国际上的知名度越来越高，原来产区的那点量，显然是不够卖的，从那时候开始，奇安蒂地区的范围开始慢慢向外扩大，为了把新扩大的地区和原来的地区做出区分，原来的地区就被称作经典奇安蒂。时至今日，奇安蒂的范围扩大了好多，但是经典奇安蒂的范围，始终是那么大。以后碰到奇安蒂的葡萄酒，读者朋友可得区分一下，就在酒瓶上找那个黑公鸡的标志就行了，普通奇安蒂的葡萄酒可没有这个标识。

最后再说说本地的气候吧，托斯卡纳气候温和，尤其是沿海地带。海滨地区经常遭受来自非洲撒哈拉沙漠的西罗科风的影响，降雨较为频繁，而亚平宁山脉阻挡了来自东北方向的冷气流进入这一大区。在托斯卡纳，山地、平原、丘陵等地形均有分布。

托斯卡纳大区的葡萄种植与葡萄酒酿造工艺在意大利属于先驱，这里有6个DOCG子产区，以及属于IGT级别的超级托斯卡纳子产区，是意大利拥有DOCG产区数量第二多的大区，它还拥有5个红葡萄酒产区和1个白葡萄酒产区，其实力可见一斑。

Toscana 托斯卡纳的“超级托斯卡纳”

要说这个托斯卡纳的葡萄酒，那种类可多了去了。现如今，市面上不少意大利葡萄酒商一定和消费者说过：“意大利的葡萄酒，别看等级，要凭口感，要注重质量。”他们这么说，目的很可能是让消费者花高价钱去买自己那瓶不知道从哪儿淘换回来的一款不好不坏的葡萄酒。

除了意大利，卖法国葡萄酒的、西班牙葡萄酒的、德国葡萄酒的人怎么从来不敢这么说？这都是被意大利葡萄酒界的一个奇葩闹的，这个奇葩就是超级托斯卡纳葡萄酒。总体来说，论级别，这东西就是意大利的一款餐酒，但就是这款餐酒，有的卖得比DOCG级的葡萄酒都贵。所以好多意大利葡萄酒商就开始借这个事大做文章，到处吹呀：“我们的葡萄酒虽然是意大利的餐酒级别，但是它和超级托斯卡纳是一样一样的，口感怎

么怎么好，质量怎么怎么好……”有那种老实的消费者禁不住忽悠，就会真掏钱买呀。

说到超级托斯卡纳这个牌子的餐酒，那有的确实是比DOCG级葡萄酒卖得贵，要是赶上好年份，它的价格可不比法国的拉菲古堡葡萄酒便宜多少。既然这个超级托斯卡纳葡萄酒的价格这么贵、名气这么大，为什么仅仅是个IGT等级？这个问题，说来话长。

超级托斯卡纳葡萄酒被欧洲人称作“传统的背叛者”，这和意大利这个国家的风俗有关。一谈起意大利，人们最先想到的是当地的艺术气息。整个意大利，在最近几个世纪以来受这种艺术气息的影响非常大，自然而然地，这种艺术性的思维就融入了意大利人的心中。意大利的酿酒师和法国的酿酒师不同，法国的酿酒师大多数是传教士、僧侣、信徒，是这些职业出身，那就会受到宗教的很多条条框框的限制，例如周末做个礼拜，逢年过节做个弥撒，吃饭之前要先祈祷“我们爱面包，我们爱奶酪”，等等。这循规蹈矩的事情做多了，那么法国酿酒师在酿酒的时候，就会不自觉地带入一些非常理性化、概念

化的思维。久而久之，法国的葡萄酒那就会给人一种恪守传统的印象，一就是一，二就是二。而意大利则不同，这里的酿酒师大多数是艺术家出身，他们做事基本是凭自己的主观喜好，追求的是一种精神高度，可不管这规矩、那条令的，只要自己觉得好，并且不犯法、不违规，他们就敢那么做。

一个典型的例子是在20世纪，托斯卡纳出了一位大画家，叫马里欧·因西撒，他的家境不错，据说老爹是一个大财团的老板，反正家里有的是钱。靠着老爹的地位，这家伙在当时还混了个侯爵。当时，马里欧除了画画，还喜欢没事时赛个马、赌个球，生活可以说过得骄奢淫逸。直到 1942 年，他结婚了，娶了个老婆，名字叫卡拉莉斯。这姑娘的嫁妆就是一座位于佛罗伦萨西南方近海的酒庄——圣圭托酒庄。两口子一结婚，也不知道卡拉莉斯这姑娘用了什么招儿，把自家这老爷们儿给收拾得服服帖帖，从此再也不出去瞎胡闹了，在家里踏踏实实的，就干两件事——画画和酿酒。

要说马里欧这家伙酿酒那可真是无知者无畏。在当时的托斯卡纳，桑娇维塞这种葡萄已经非常普遍，他就琢磨着，整个托斯卡纳都是桑娇维塞，太俗气了，如果自己来酿酒的话，就得玩出点儿新花样来，不用这种传统的葡萄，自己也能酿出好酒来。当时，他也不懂酿酒，就四处打听哪里的葡萄酒好，也不知道是谁告诉他法国的波尔多和勃艮第这俩地方的葡萄酒着实不错，他听了之后就觉得，以后咱这儿酿的葡萄酒得超过那两个地方才行。

这种疯狂的想法一冒出来，就在他的脑子里面迅速生根发芽，没过多久，这小子就真干上了。当时，他先是打听到波尔多的赤霞珠好，就决定先在托斯卡纳种植赤霞珠。由于他经验不足，再加上这地方的土壤温度比较高，因此他用赤霞珠酿出的葡萄酒单宁太重，味道不太好，难以入口。

酿造出的第一批 600 多瓶葡萄酒，连他自己都不爱喝，最后放在地窖里面变酸了。这给他老婆气的呀，一个劲儿地和马里欧闹，要搁现在，估计他老婆就得直接告诉他：“以后，你要是再敢往地窖里面放这么多‘垃圾’，你就给我跪搓衣板去！”

后来，他又尝试着在托斯卡纳种黑皮诺，但是那东西可娇贵呢，是什么人说种就能种的吗？这一回，他倒是听老婆的话，没往地窖里面放那么多“垃圾”，因为压根儿就没收成。

当初他在所有人面前吹牛，说自己酿的葡萄酒要超越波尔多和勃艮第，结果两轮下来，闹出个天大的笑话。但是这位公子哥不死心，牛皮都吹到天上去了，那就得坚持做下去。以后的 10 多年里，他就这样尝试一次失败一次，失败一次尝试一次，最后几乎所有人都劝他放弃那个想法吧。就在这个时候，他遇到贵人了。

马里欧以前的赛马好友、波尔多拉菲庄园的主人罗斯柴尔德男爵帮了他一把。男爵先是把拉菲庄园的好多葡萄树苗连根拔起，直接移植到圣圭托酒庄，然后用拉菲庄园培育葡萄的方式在这里继续培育。马里欧从拉菲庄园获得了法国橡木桶和葡萄种植技术，配合本地的风土条件及酿酒工艺，又经过了自己几年的努力，他终于酿出一款绝世佳酿，就是西施佳雅（Sassicaia）葡萄酒。

西施佳雅葡萄酒并没有按照意大利的规定采用本地区的葡萄品种酿制，而是以国际化的葡萄品种为主，因此这款葡萄酒虽好，却无法被评定为DOC级，这也就有了今天的超级托斯卡纳的概念。这个圣圭托酒庄也就成为超级托斯卡纳系列葡萄酒的诞生地。

如今，超级托斯卡纳葡萄酒分为两个流派，一个流派是以经典奇安蒂子产区为中心，使用意大利本土葡萄桑娇维塞与国际葡萄品种如赤霞珠、品丽珠（Cabernet Franc）、梅洛进

行混酿的高品质葡萄酒；另一个流派是保格利子产区，只种植波尔多葡萄品种，如赤霞珠、梅洛、品丽珠，酿造高品质的国际风味葡萄酒。西施佳雅葡萄酒就是保格利子产区的先行者，带动了众多其他酿造者效仿。

在这两个流派之中，之所以产生超级托斯卡纳这个称呼，是因为20世纪70年代托斯卡纳的经典奇安蒂子产区。当时经典奇安蒂的DOC等级法定产区规定，在使用85%的桑娇维塞之外，还必须使用15%的两三个本地葡萄品种，其中包含一个白葡萄品种。这项法规在当时限制了经典奇安蒂葡萄酒品质的提升，而位于此子产区的安蒂诺里家族第25代掌门人皮耶罗·安蒂诺里，当时决定改变酿造的葡萄品种配比，以提升葡萄酒的品质。这家伙也是个敢想敢干的疯子。

在20世纪70年代初期，安蒂诺里家族率先将DOC等级法定产区规定的15%本地葡萄品种换成了国际葡萄品种赤霞珠、品丽珠和梅洛。这么一搞，嘿，倒是大大提升了葡萄酒的品质，并在国际市场上大受欢迎，这款葡萄酒就是天娜（Tignanello）。

但是，由于违反了法规，所以天娜葡萄酒不能使用

“Chianti Classico DOC” 这个法定产区酒名。于是，皮耶罗决定在天娜酒标上以“Toscana”标注酒种，这在当时是表示餐酒。

不论是西施佳雅还是天娜，总之超级托斯卡纳概念的诞生不仅代表着经典的高品质葡萄酒的出现，还代表着意大利葡萄酒行业敢于打破传统、勇于创新的开始。之后的几十年，意大利葡萄酒走上了不断创新和追求卓越的道路。

有意思的是，在 1978 年，天娜葡萄园里的赤霞珠和品丽珠表现非常好，安蒂诺里家族尝试用这两个国际葡萄品种进行混酿，从而诞生了索拉雅（Solaia）葡萄酒，但此时其品质还非常一般。1980 年，安蒂诺里家族又把桑娇维塞加入，即使用 80% 的赤霞珠和品丽珠，再加上 20% 的桑娇维塞进行混酿，优质的索拉雅葡萄酒由此诞生，并一跃成为意大利最好的葡萄酒之一。

同属安蒂诺里家族旗下的还有古道探索（Guado al Tasso）干红葡萄酒，其酿制酒庄位于保格利子产区，使用国际葡萄品种赤霞珠、品丽珠和梅洛酿造，属于超级托斯卡纳系列的第二个流派。古道探索干红葡萄酒诞生于 20 世纪末期，虽然问世的时间并不长，却屡获殊荣，获得了各大专业媒体的高度评价。

目前，超级托斯卡纳都不是DOC等级或者DOCG等级，只能是IGT等级，允许加入其他国家的葡萄品种，而且它可以完全不按照意大利葡萄酒法定生产规定去酿造，从而使其成为在意大利传统DOCG级葡萄酒之外的顶级葡萄酒的代表。

但是，要注意的一点是，超级托斯卡纳属于IGT等级，但并不是说托斯卡纳地区所有的IGT等级葡萄酒都属于超级托斯卡纳。大家以后千万别看见酒标上写着托斯卡纳、IGT就玩命地花钱，要认准牌子再出手。

超级托斯卡纳两个流派的区别其实就在于是否添加了桑娇维塞，那这个葡萄品种又是怎么一回事呢？

桑娇维塞是一个源于意大利的葡萄品种，其名字"Sangiovese"源于拉丁语Sanguis Jovis（直译为朱庇特之血）。关于这个桑娇维塞，还有一点，就是这个品种分为大桑娇维塞（Sangiovese Grosso）和小桑娇维塞（Sangiovese Piccolo），这主要是历史原因造成的，大桑娇维塞出现时间早，小桑娇维塞出现时间晚。大桑娇维塞主要是用于酿造蒙塔尔齐诺布鲁奈诺这款葡萄酒的，而小桑娇维塞主要是用来酿造奇安蒂这款葡萄酒的，毕竟奇安蒂的发家史要比人家蒙塔尔齐诺布鲁奈诺晚了100多年。其实，这两种桑娇维塞葡萄，除了个头，在味道上也很容易区分，酸的就是大桑娇维塞，不太酸的就是小桑娇维塞。

使用桑娇维塞酿制的主要葡萄酒，除了蒙塔尔齐诺布鲁奈诺，就数这个奇安蒂了。但是奇安蒂本身还分不少类型，

包括普通奇安蒂、经典奇安蒂、珍藏奇安蒂（Chianti Classico Riserva）和精选奇安蒂（Chianti Gran Selezione），类型不同，加工工艺自然不同。

桑娇维塞的主要特性是成熟较晚，且成熟缓慢。因为托斯卡纳这里距离撒丁岛的东北角很近，所以也会受到一些地中海冷却效应的影响，但是意大利中部地区由于是火山岩，土壤温度又很高，就能够在很大程度上中和地中海冷却效应带来的低温气候，这就导致托斯卡纳靠海的地方冷，内陆地区热。

通常来说，桑娇维塞的采摘工作是在9月底开始，一直延续到10月中旬，有时甚至会超过10月中旬。如果赶上天气炎热的年份，桑娇维塞酿制的葡萄酒口感丰富、酒精度高且酒龄长；如果赶上天气凉爽的年份，其酿制的葡萄酒则会出现酸度高及单宁粗糙的问题。若酿酒时使用的桑娇维塞比例过高，酿制的葡萄酒则酸度突出、颜色较浅，在酒龄尚浅的时候，其酒液就变成了棕色，还会出现氧化的问题。桑娇维塞葡萄的皮十分薄，因此在凉爽和潮湿的年

份里，它十分容易发生腐烂。这对于 10 月经常下雨的产区来说，是个十分严重的问题。

由于桑娇维塞葡萄株系繁多复杂，其质量也参差不齐，因此用此品种酿造的葡萄酒有些淡而无味，欠缺细腻和雅致，经不住陈年；有些却浓郁芬芳，品质超群，极具陈年潜力。

注：从 2018 年起，意大利的一些优质超级托斯卡纳系列葡萄酒破例从 IGT 等级提升为 DOC 等级。

Toscana 托斯卡纳的圣酒

托斯卡纳同地中海的其他地区一样，受到热带洋流的影响，除了西南角落受到地中海冷却效应的影响，温度偏低，其他地方那都是常年持续高温，这就导致了这里的气候是冬季温和，夏季炎热干燥。

意大利中部几乎所有产区内都是连绵起伏的山脉，因为这些山脉在很久以前都是当地的活火山，所以当地的土壤都是早年间火山喷发的遗留物。火山喷发时，岩浆流出来，冷却之后就会变成火山岩、岩浆岩等物质，这类土壤的特点就是温度高，毕竟是火山喷发的遗留物，总不可能是冰镇的吧？所以，托斯卡纳这里，由于早年间受到火山喷发的影响，土壤以石灰岩和碱性土壤矿物质为主。

托斯卡纳的土壤也挺有意思的，分为两种类型，一种是质地松软的石灰质土壤（Galestro），另一种是黏土–石灰质土壤

（Alberese）。我们暂且把这两种土壤叫作GA型土壤和AL型土壤，好记。先说说这个GA型土壤，它主要分布在奇安蒂子产区，因为这里是意大利境内火山最活跃的地方，所以这里的土壤温度在整个托斯卡纳都算是比较高的，或者说是非常高的。这种温度导致GA型土壤强度比较低，土壤本身非常松软。说白了就是因为这里温度太高，把原本那些大石头给“烤”化了，就变成黏土和石灰了。在这里种植葡萄树之后，树根能够往深层的地下扎。

意大利的中部地区在距今约6 500万年以前的中生代时期，也不知道是什么原因迎来了一次地壳运动。这次运动大概是怎么回事呢？说白了就是意大利东边的地壳没啥动静，但是西边的地壳开始向东边移动，一个劲儿地往东边挤，就把中部地区给挤出好多山来。意大利为什么是个多山的国家？就是由这次地壳运动给挤压出来的。而意大利的西边呢，因为一部分地壳向东移动，就把原来的地表给撕出一个口子。这样一来，大地上面的动物们可倒了霉，这个大口子一裂，它们全掉下去摔死了。不知再等多少年以后，这个裂开的大口子被风化以后就填平了，那些动物尸体被埋在了地底下，成了化石。

这个被风化后填平的大口子现在大概在奇安蒂附近，再加上地表的土壤很疏松，那么葡萄树根当然会一个劲儿地往地下扎，等扎到一定深度的时候，树根就会受到那些动物化石的影响，这也就解释了为什么经典奇安蒂这种葡萄酒会有一股动物皮毛的味道。

另外一种土壤，就是AL型土壤，主要分布在托斯卡纳的西南部和南部。托斯卡纳西南部由于受到了地中海冷却效应的影响，温度相对没那么高，因此火山喷发之后形成的那些岩石

由于地表温度不够，也就“烤”不化。所以，这个AL型土壤虽然也是火山喷发的遗留物，也是以石灰岩和火山岩为主，也有矿物质风味，但它是以小石头形式呈现的。这种小石头的特点就是硬度高、养分少，所以这种土壤相比于GA型土壤其实要贫瘠，在这种土壤上基本种不出什么。

但是这种贫瘠的土壤，对于葡萄来说却是优良之土。这种砾石型土壤的特点就是蓄热性好、排水性好，但持水性差。就像将一块鹅卵石放在太阳底下，它一会儿就发烫了，但往这东西上面浇水，水能渗进去吗?

这种土壤本身是温度比较高的，但是地中海冷却效应又为这里提供了比较凉爽的气候，这一冷一热，二者一中和，就导致托斯卡纳南部的温度要比北部低一些。

在AL型土壤的覆盖范围当中，典型的作品就是蒙塔尔齐诺布鲁奈诺葡萄酒，这东西可不便宜。为什么这玩意儿这么贵呀？首先，酿制这种葡萄酒的葡萄是种植在砾石型土壤上面的，这种土壤维护起来，那是要花很多钱的。想想在一堆大石头上面种农作物，那得有多少人工成本在里面。其次，自从意大利有了DOCG级别的规定以后，蒙塔尔齐诺布鲁奈诺这种酒都是用100%的桑娇维塞酿成的。这种葡萄本身就是意大利的国宝，和内比奥罗合称意大利的“两大贵族葡萄”，自然身价不菲。

桑娇维塞是晚熟型的葡萄品种，种植在低温地区会比在高温地区好很多。所以，这地方的桑娇维塞本身就很好，再加上比例高，奇安蒂的葡萄酒中桑娇维塞比例最高可达85%，

但蒙塔尔齐诺布鲁奈诺使用了 100% 的桑娇维塞。就像纯金的戒指和镀金的比起来，价格得差多少呢？在意大利，蒙塔尔齐诺布鲁奈诺葡萄酒现在是可以和巴罗洛葡萄酒相提并论的。

这款酒的特点，就是它那股醇厚的果香味道。因受到地中海冷却效应的影响，这款酒的酒体算中等，总体的感觉就是风格很硬朗。关于葡萄酒的这个所谓风格是硬朗还是柔和啊，我在这里补充一句：越冷的地区酿出的葡萄酒，风格越是趋于硬朗。打个简单的比方，冰块够硬吧？那它从哪儿来的呢？肯定是从冰箱里，谁见过在大太阳底下能搞出冰块的？越热的地区酿出的葡萄酒，风格越趋于柔和，因为热的地方产的葡萄味道偏甜。你看谁家要是有个特别乖巧的小闺女，父母都怎么称呼她呀？小甜心，没听说谁管自己的闺女叫“小酸心”吧？因为甜味的东西让人感觉很柔和。

这款蒙塔尔齐诺布鲁奈诺葡萄酒，由于风格很硬朗，因此意大利规定这款酒酿好了之后，必须在橡木桶内陈年两年以上，并且要在葡萄采收之后的第 5 年的 1 月才能上市。这样做就是为了通过橡木桶陈年这种方式把桑娇维塞的优势充分发挥出来，并且中和一下酸度，因为就这款酒刚刚酿出来的那个酸味，人们不一定受得了。

有一点需要注意的是，如果这款酒的酒标上面带有“Riserva”（珍藏）字样，表示这款酒要等到葡萄采收之后的第 6 年才能上市。

当地还有一个子产区，名字叫蒙特布查诺。要先说明一下，阿布鲁佐的代表葡萄品种也叫蒙特布查诺，但是此蒙特布查诺非彼蒙特布查诺，二者名字相同，但是彼此确实没有什么关系。

说到这个蒙特布查诺子产区，只说一款葡萄酒——蒙特布查诺贵族酒（Vino Nobile di Montepulciano）。这款酒的诞

生产区非常小，要说起来只是位于托斯卡纳东南角的一个小村庄里。因为村庄建在高山上，一般人不太好爬上去，所以在战乱时代为平民百姓提供了栖身之所。渐渐地，村民越来越多，16 世纪开始，这里已经成为著名的山城，外观至今没有发生太大改变。基于地理因素，蒙特布查诺子产区并没有太多工业可以发展，而这里的山坡却是开垦葡萄园的理想位置。

这款贵族酒，主要使用的葡萄品种还是桑娇维塞，并且可以搭配不超过 20% 的卡内奥罗（Canaiolo），以及不超过 10% 的白葡萄品种。这款酒在酿成以后，至少得陈年 3 年，其中瓶中陈年至少需 6 个月。因为这个特点，这款酒比较适合中期或者长期陈年。

接下来咱们说说另外一个子产区——保格利。这个地方靠海，地势平坦，多沙，因为也位于托斯卡纳的西南部，所以会受到地中海冷却效应的影响。相比于内陆，这里的温度比较低，非常适合种植赤霞珠、梅洛、品丽珠这些国际化的葡萄品种。

还有就是位于托斯卡纳西南部靠近内陆的斯坎萨诺子产区。因为这里的桑娇维塞别名叫作莫雷利诺（Morellino），所以当地出产的DOCG级葡萄酒统称为莫雷利诺斯坎萨诺（Morellino di Scansano）。当地的葡萄酒规定至少用 85% 的莫雷利诺酿制而成，而且因为这里靠近内陆，所以葡萄酒味道比较浓郁。

除此之外，托斯卡纳也生产用葡萄干酿制而成的甜酒，被人称作圣酒（Vin Santo）。葡萄被采摘以后，经过几个月的风干之后再榨成汁，经过缓慢的发酵和两年以上的陈年，就酿成了味道香浓的甜酒。除了浓郁的水果干香味，圣酒也常常混有核桃和榛果的味道。

圣酒之所以名为圣酒，目前有不少有趣的版本。一个版本是据说在黑死病暴发时期，一位多米尼加的修道士给患者分发了一种神奇的酒，患者饮后迅速痊愈，有感于其魔力，托斯卡纳人将这种酒尊为“圣酒”。另一个版本是，当时的意大利红衣主教贝萨里翁在佛罗伦萨的一次主教特别会议上，品尝到了一款让他深感惊艳的甜酒，他误

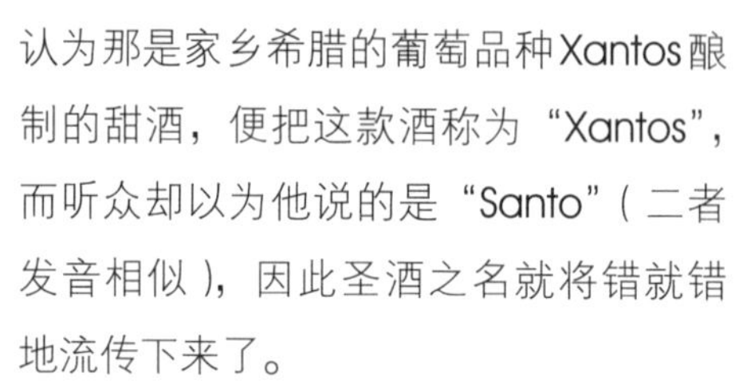

认为那是家乡希腊的葡萄品种Xantos酿制的甜酒，便把这款酒称为“Xantos”，而听众却以为他说的是“Santo”（二者发音相似），因此圣酒之名就将错就错地流传下来了。

但希腊的圣托里尼人对于以上说法皆不以为然，他们认为圣托里尼才是圣酒的发源地，理由是“Santo”源自Santorini（圣托里尼）。当时由威尼斯人实际控制的圣托里尼岛专注于酿酒，将封装好的酒分发到地中海地区，产自圣托里尼的酒在酒标产地上写着“Santo”，而“Vin”在意大利语中指葡

萄酒，所以“Vin Santo”这个名字就诞生了。

托斯卡纳的这种圣酒，大部分为白葡萄酒，但是偶尔也可以看到以红葡萄酿制成的。在酿制圣酒的众多产区中，又以圣酒蒙特布查诺（Vin Santo di Montepulciano）最为出众。

此外，托斯卡纳海边也生产以阿利蒂科（Aleatico）酿成的甜红葡萄酒，这款酒就颇有迷人的微微苦涩的味道和野樱桃的香气。

截至2000年，阿利蒂科葡萄在意大利的种植面积超过500公顷，主要种植在托斯卡纳和普利亚的DOC产区。

小结

一、 托斯卡纳概述

1. 这里是文艺复兴的发源地，受到美第奇家族的影响，本地人艺术感十足，做事喜欢探索和追求创新，不爱循规蹈矩。
2. 受到早期火山喷发的影响，这里以石灰岩、火山岩以及碱性土壤矿物质为主。
3. 托斯卡纳的土壤有两种类型：GA 型土壤以黏土和石灰质为主，土质松软，主要分布于奇安蒂以及奇安蒂以北地区；AL 型土壤以小砾石为主，硬度高、养分差，主要分布于托斯卡纳西南部及南部地区。

二、 托斯卡纳著名的葡萄品种

1. 桑娇维塞，名字源于拉丁语 Sanguis Jovis，分为两种：大桑娇维塞是高酸，主要是用于生产蒙塔尔齐诺布鲁奈诺干红葡萄酒；小桑娇维塞是低酸，主要用来酿造奇安蒂干红葡萄酒。
2. 赤霞珠、梅洛、品丽珠作为国际葡萄品种，主要在本地区用来酿制超级托斯卡纳系列葡萄酒。

三、 托斯卡纳葡萄酒代表及特点

1. 超级托斯卡纳系列葡萄酒

特点：因为没有按照有关规定操作，所以属于低级别的葡萄酒，但其品质与口感堪比世界名庄的葡萄酒。

饮用建议：控制在12℃~15℃，醒酒20~40分钟后，配合重口味肉食或辛辣食物饮用。

识别标识：依靠品牌名称识别。

2. 蒙塔尔齐诺布鲁奈诺干红葡萄酒

特点：名字起源充满故事性，果香醇厚，口感硬朗，分为几种不同类型。

√ 普通款：需要在橡木桶内陈年两年以上，并且在葡萄采收之后的第5年的1月才能上市。

√ 珍藏款：需要在橡木桶内陈年两年以上，要等到葡萄采收之后的第6年才能上市。

饮用建议：

√ 普通款：控制在 10℃ ~15℃，醒酒 20~30 分钟后饮用。

√ 珍藏款：控制在 10℃ ~15℃，醒酒 20~40 分钟后饮用。

识别标识：

√普通款：酒标上有明显的“Brunello di Montalcino”字样。

√珍藏款：酒标上有明显的“Brunello di Montalcino Riserva”字样。

3. 奇安蒂干红葡萄酒

特点：有典型的动物皮毛和皮革风味，口感醇厚，分为几种不同类型。

√ 普通型：没有要求。

√ 经典型：必须在橡木桶内陈年 6 个月。

√ 珍藏型：必须在橡木桶内陈年 12 个月。

√ 精选型：葡萄由人工采摘，经过精挑细选，稍有瑕疵，立刻淘汰。

饮用建议：

√普通型：可以直接饮用。

√经典型：建议醒酒 15~20 分钟后饮用。

√珍藏型：建议醒酒 20~30 分钟后饮用。

√精选型：建议醒酒 30 分钟后饮用。

识别标识：

√普通型：酒标上有明显的“Chianti”字样。

√经典型：酒标上有明显的“Chianti Classico”字样。

√珍藏型：酒标上有明显的“Chianti Riserva”字样。

√精选型：酒标上有明显的“Chianti Classico Gran Selezione”字样。

Umbria 翁布里亚的萨格兰蒂诺

今天，我们往意大利内陆地区走走，说说中间的一个产区，名字叫翁布里亚。就这个地方，面积比较小，还是整个意大利中部及南部产区里面，唯一一个内陆产区。

这地方不挨着海，但是“翁布里亚”（Umbria）这个词在意大利语中偏偏就有漂在水上的意思。那这个地方是怎么起了这么个名字呢？说白了，都是早期的罗马人干的好事。

早在布匿战争的时候，罗马和迦太基就在西西里岛打了一仗，最后罗马赢了，西西里岛就归它了。但是，因为这一仗罗马人打得付出了太大的代价，所以他们占领西西里岛之后直接屠城了。当时岛上的那些原住民，基本上被他们杀光了，但也有一小部分原住民侥幸逃了出来。逃出来之后，他们分成了两部分：一部分向西，一路逃到了西班牙南部，融入了当地的卢西塔尼亚部落，后来又慢慢融入了葡萄牙；而另一部分向东逃到了亚平宁半岛，这一部分原住民也没好到哪里去，到处逃窜。他们先是在意大利南部地区躲藏了几年，但是后来，罗马帝国把意大利南部也打下来之后，他们也就待不下去了，只能一路向北逃窜。他们这一路逃，罗马人就一路追。

罗马人不好好打仗，没事老追这些残兵败将干什么呢？原因有二：第一，西西里岛在布匿战争发生之前是迦太基人的地盘，迦太基人那是罗马人的死敌，并且在罗马人来之前，岛上居民是非常拥戴他们的，而随着罗马人后来占领了西西里岛，迦太基这个大靠山一倒，原先的那些拥戴者自然不会有好下场，罗马人一定要肃清他们。

第二，也怪他们自己的这张嘴。你说好不容易逃出来捡了条命，怎么就不能老老实实先待着，卧薪尝胆一下？但是，他们当时到处散播罗马人怎么不好，怎么凶残。这也难怪，家乡都被占领了，自己心里面肯定不服气呀。但是，窝火归窝火，拜托您先瞅瞅当时的局面再说话行不？结果，他们这不合

时宜地到处说，事情很快传到了罗马人耳朵里，那人家能不四处追杀他们吗?

但是，有句话说得好，“大象踩不死蚂蚁的，只要你躲得好”。西西里岛的那些逃亡者本来就没多少，而且意大利内陆地区在当时是山高林密人口少，再加上当时没有什么指纹鉴定、热成像追踪这样的侦察手段，所以罗马人想赶尽杀绝，还真没那么容易。

他们一路跑，罗马人就一路追，就这么折腾了好几百年，到了 4 世纪末，罗马人才在托斯卡纳西海岸发现了逃亡者的后代。您瞅瞅，为了一伙残敌追了 600 多年，那最后追到的，肯定不是“原装”的。600 多年过去了，人家那得繁衍多少代了? 在发现了西西里岛残部的后代之后，罗马人就直接给一锅端了。但是那会儿罗马帝国已经是江河日下了，不知道是不是也在给自己最后积点儿福，罗马人并没有杀光他们，而是把他们囚禁在一个地方，囚禁在哪儿好呢?

琢磨来琢磨去，罗马人就在拉齐奥大区旁边给他们找了这么一块内陆。首先，这地方离罗马很近，罗马城是拉齐奥大区的首府，这样有利于监视他们。其次，这些人源于西西里岛，一直以来过惯了靠水吃水的日子，即便有了这么多年的逃亡生涯，繁衍那么多代了，那基本也是沿着海岸线跑。这一下好不容易逮着了，那罗马人肯定就想折磨这个种族。要折磨这个种族怎么办？那就得把他们原始的生活习惯先改了，罗马人就把这群水边来的人给移到内陆了。在介绍托斯卡纳的时候我提到过，意大利在中生代时期有过一次地壳运动，把中部地区给挤出一大堆山地和丘陵，而翁布里亚正好位于意大利的正中间，等于说地壳这一变动，翁布里亚的地表被挤出来最多，这就导致这里山很多。所以，罗马人把他们关在这里最重要的原因就是，这地方山多、交通不便，他们跑不出去。

但是，即使西西里岛残部的后代被安排在内陆生活，他们的心也还是属于大海的。虽然在内陆居住，但他们给这地方起了个名字，就叫翁布里亚，在意大利语中就是漂在水上的意思。你们不是不让我们沾水吗？那我们就给自己的居所起这么个与水相关的名字。而且，这还不算完，也不知道他们什么时候在翁布里亚的西北角那边，开凿出一个湖。因为这个湖位于特拉西梅诺镇子边上，所以开凿出来之后就叫特拉西梅诺湖，它现在是意大利半岛的第四大湖。就通过这地方的名字以及这个湖，他们让后世人都知道了自己的祖先其实是水边的种族。

通过这个历史故事，我们要先明白一点：翁布里亚的地形是以山地和丘陵为主。既然这地方山多，那么葡萄园肯定也是大部分位于山腰，所以翁布里亚当前的许多DOC产区名称

中都有“colli”（山丘）字样。

翁布里亚位于意大利中部的中心，而且山很多，是典型的大陆性气候，因为山把地中海的海风给挡住了，使这里不受影响。而且，在翁布里亚还有个特拉西梅诺湖，外面的风刮不进去，里面又有那么大一个湖，那这里就会比那些位于海边的地方凉快得多，且温度偏低。但是，这么凉快的气候，就会导致这里冬季寒冷多雪，夏季阳光充足且干燥。

至于翁布里亚的土壤，因为这里在以前大都是活火山，火山喷发的遗留物无非就是石灰岩、火山岩，还有矿物质土壤，这种土壤最明显的特点就是能给葡萄树带来一定的温度。

翁布里亚主要的酿酒葡萄叫作格莱切多（Grechetto），是一个白葡萄品种。据传这东西和意大利南部的艾格尼科葡萄一样，都源于希腊的克里特岛，后来被移植到了意大利。格莱切多原先也是在意大利南部种植，但是生长情况不太好。因为格莱切多的皮是非常厚的，那这种皮厚的葡萄要是种植在很热的地方，它会怎么样？你可以想象一下，大夏天穿着羽绒服或者毛皮大衣出门的话，自己受得了吗?

人们一看这东西在南部长得不太好，就想着干脆往北部挪挪，格莱切多就这样开始了自己的北上之路，先后在阿布鲁佐、马尔凯、艾米利亚–罗马涅等地方种植过，生长情况都比较一般。直到后来，它到了翁布里亚，总算是找到合适的地儿了。皮厚的葡萄，就得种植在这种温度偏低的地带，才能有好的效果。

这种葡萄皮很厚，就带来了另外一个不错的效果，即抵御虫害的能力很强。因为皮厚的东西结实，虫子钻不进去，同样，这样的葡萄也熟得晚。因为皮太厚了，外界的营养也进不去，再加上这地方温度也低，所以格莱切多熟得晚。但是这种葡萄在熟得晚的同时是可以积累自身糖分的，这主要得看当地的土壤。因为当地都是石灰岩、火山岩这种高温型的土壤，所以葡萄的含糖量还是比较高的，而偏低的气温导致了晚熟，就使葡萄在采收期之前有更多的时间去积累糖分。

翁布里亚这地方虽然面积不大，却拥有众多法定产区，其中最著名的两个产区是奥维多子产区（Orvieto DOC）、蒙特法尔科–萨格兰蒂诺子产区（Montefalco Sagrantino DOCG）。

先来说说奥维多子产区，这里在1972年的时候晋升为DOC等级，可以说是翁布里亚的产酒大户，每年出产的葡萄酒占到整个翁布里亚葡萄酒总产量的70%以上，非常有名的是白葡萄酒。在2016年底，奥维多子产区制订了一项关于葡萄酒的“文艺复兴”计划，起名为“超凡奥维多计划”。此计划将葡萄酒和当地的风景、艺术、文化、工艺等元素融合在一起，注重从传播的角度来推广，改变了以往以生产者需求为中心的做法。

再来说说蒙特法尔科–萨格兰蒂诺子产区。翁布里亚这个地方由于多山，很多子产区位于山顶的小镇之中，蒙特法尔科–萨格兰蒂诺就是其中之一。“Monte”在意大利语中就是山的意思，“Falco”是鹰的意思。蒙特法尔科–萨格兰蒂诺在1992年晋升为DOCG产区，这里的典型葡萄品种叫萨格兰蒂诺（Sagrantino），也是翁布里亚主要的红葡萄品种，跟格莱切多一样，也是皮厚、晚熟。红葡萄皮厚就会导致酿出来的葡萄酒单宁重、颜色深，再加上这里的土壤温度高，因此这里的葡萄酒陈年能力比较强。

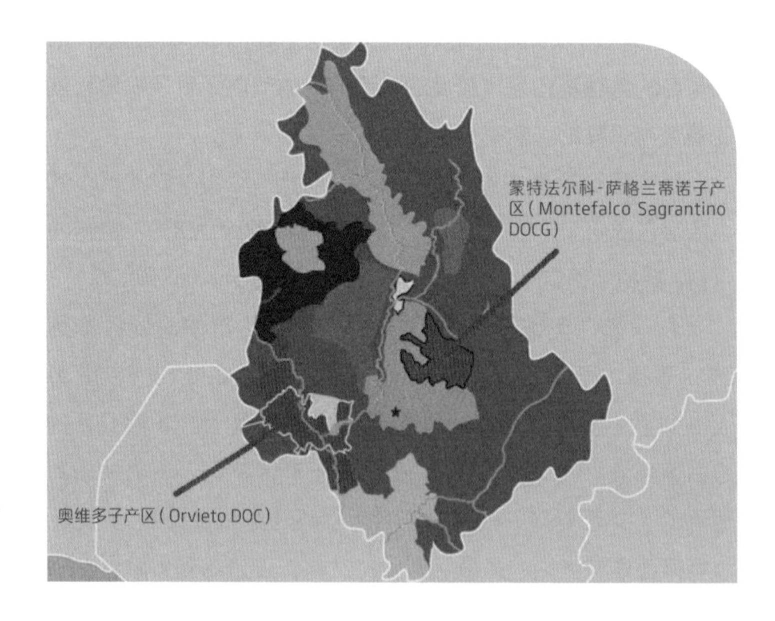

萨格兰蒂诺葡萄是翁布里亚大区的原生品种，被公认为意大利葡萄品种中单宁最重的葡萄之一，果实颜色偏深黑。多年以来，这种葡萄一直被用于酿造风干甜酒（Passito），那是一种浓稠如糖浆一般的甜酒，带有蓝莓、葡萄干的风味。因为并没有特别高的知名度，市场接受度也需要提升，所以萨格兰蒂诺葡萄的种植面积一度急剧萎缩，它也濒临绝迹。直到1976年，翁布里亚大区涌现出一批非常有想象力的酿酒师，他们尝试用萨格兰蒂诺葡萄来酿造干型葡萄酒，就是我们今天喝到的蒙特法尔科–萨格兰蒂诺葡萄酒，这也赋予了萨格兰蒂诺葡萄新生命。

这帮酿酒师相信，萨格兰蒂诺葡萄的潜力在于酿造出高品质、层次分明、结构坚挺（指葡萄酒味道丰满、硬朗）的红葡萄酒。正是这帮酿酒师的敢想敢干，造就了今天萨格兰蒂诺葡萄的两种风格，分别是风干甜酒和干型葡萄酒，并且这两款酒都必须用100%的萨格兰蒂诺葡萄酿造。

小结

一、 翁布里亚概述

1. 地形以山地和丘陵为主，大多数葡萄园位于半山腰的梯田，所以很多 DOC 产区名称中会有“colli”字样。
2. 属于大陆性气候，凉爽，温度偏低，以石灰岩、火山岩及矿物质土壤为主。

二、 翁布里亚著名的葡萄品种

1. 白葡萄品种格莱切多，属晚熟型，味道偏甜。
2. 红葡萄品种萨格兰蒂诺，单宁重、颜色深，陈年能力强。

三、 翁布里亚葡萄酒代表及特点

1. 奥维多子产区的白葡萄酒

   特点：有白色甜水果的味道，陈年能力适中（5~8 年）。

   饮用建议：控制在 8℃ ~10℃，冰镇后饮用。

   识别标识：酒标上有明显的“Orvieto DOC”字样。

2. 蒙特法尔科－萨格兰蒂诺子产区的萨格兰蒂诺红葡萄酒

特点：味道层次分明、结构坚挺、口感厚重，有典型的红色及黑色浆果的风味。

饮用建议：控制在 12℃ ~16℃，醒酒 40 分钟后饮用。

识别标识：酒标上有明显的“Montefalco Sagrantino DOCG”字样。

干型葡萄酒：酒精度至少为 13 度，标有葡萄园名称的则至少需要达到 13.5 度，应至少陈年 36 个月，其中至少有 12 个月放在橡木桶中陈年，4 个月放在瓶中陈年。

风干甜酒：葡萄必须在葡萄藤上或者摘下来进行风干，酿成的甜酒酒精度至少为 11 度，潜在酒精度应为 18 度，残糖量为 80~180 克 / 升，应至少陈年 36 个月，其中至少有 18 个月放在橡木桶中陈年，4 个月放在瓶中陈年。

Marche
马尔凯的维蒂奇诺

这次，咱们来说说意大利中部偏东的一个比较小的产区——马尔凯。它位于翁布里亚的东侧，这里的葡萄酒和意大利中部其他产区的葡萄酒在风格上有很大的不同。

这地方确实太小了，总面积约 9 000 多平方公里，人口不足 200 万（截至 2020 年底），虽说看起来不太显眼，它却有自己的历史特殊性。罗马人是打到哪儿就把葡萄种到哪儿，广撒网、少收鱼，种下的葡萄树能活一棵算一棵。欧洲一些旧世界葡萄酒国家[1]的葡萄酒，最早都是伴随着罗马帝国的扩张才得以发展的。别看这个马尔凯产区是个芝麻绿豆大点个地方，且距离罗马不远，但是经过考证，当地的葡萄确实与罗马人没什么关

---

① 指的是从公元前 27 年到大航海时代之间兴起的葡萄酒国家，以法国、意大利、西班牙、德国、葡萄牙为代表。

Marche
马尔凯

系，十分特殊。

说到这个马尔凯产区，历史上一个非常著名的民族就不得不提，就是伊特鲁里亚。“马尔凯”（Marche）这个名字最早源于伊特鲁里亚语，是边陲的意思。一提到边陲，人们的第一印象通常是面积都很小、不太发达，比如一些历史剧里面总是提到边陲小国、边陲小镇一类的词。马尔凯与之类似，但综合来看，它算是罗马帝国在历史上的一个小小遗憾。

如今，说到意大利的历史及文化，大多数人立马想到的那绝对是罗马帝国。它曾经取得过如此巨大的成就，并能长时间维持这个巨大的文明圈，绝非易事。

众所周知，罗马人在使用武力征服了古希腊之后，对古希腊的文化进行了大力的吸收，可以说相当于希腊人教会了罗马人识文断字、吟诗作赋、出口成章。但在罗马人真正吸收的所有外界文化之中，古希腊充其量排第二，排第一的就是人家伊特鲁里亚。那罗马人在伊特鲁里亚那儿学会了什么？打架、武力征服。

伊特鲁里亚人比罗马人更早来到亚平宁半岛，就算不是

意大利最早的居民，那也是意大利历史上第一支有较大影响力的古代居民。历史上，在伊特鲁里亚曾经的覆盖范围内，这个马尔凯是唯一一个从来没有被罗马人武力征服过的区域。

公元前1000年至公元前900年，伊特鲁里亚人开始在意大利中南部地区建立一些村落。因为当地的环境非常优越——意大利山多，伴随而来的是矿藏也多，再加上左右都是海，外国商船往来十分方便，所以村落发展得非常快，后来慢慢发展成王国。因为很快积累了大量财富，所以当时这个民族从贵族到奴隶都过着很好的生活，还拥有大量的富余物资与东边的希腊人做生意。

公元前700至公元前500年是伊特鲁里亚民族的鼎盛时期，当时几乎全欧洲的铁、铜、银都是从它这儿提货的，当地的这些矿产就像磁铁似的，吸引着一艘又一艘商船。但是，有那么句话叫作饱暖思淫欲，这地方随着贸易的发展，慢慢变有钱了，伊特鲁里亚人肯定就想着追求点生活品质了。

伊特鲁里亚人听希腊人说过，在世界上有种东西叫作葡萄酒，只有少数人能够喝到，这一下子就引起了他们的兴趣。慢慢地，他们开始在地盘上种葡萄，至于究竟在什么地方种植过葡萄，目前已经无从考证了。因为很多地方是伊特鲁里亚人先种了葡萄，之后罗马人过来又种了一圈，就说不清到底是谁种的。但是在可确定的伊特鲁里亚人的种植范围里面，可包括马尔凯产区。

接下来，越发兵强马壮的伊特鲁里亚开始不断对外扩张，南部的拉丁姆、坎帕尼亚和北部的帕达纳等地都先后并入伊特鲁里亚人的统治区域。其中拉丁姆正是拉丁人和拉丁文化的摇篮，也就是今天的拉齐奥大区所在地。

到了公元前753年的时候，据说一个叫罗慕路斯的人在台伯河畔建立了一座新城，之后他将此新城命名为罗马。这个刚刚诞生的小国家，自然不可能和当时正发展得如日中天的伊特鲁里亚同日而语。其实刚刚成立没多久，它就被伊特鲁里亚“收编”了。

历史看多了，对盛极而衰的规律也就烂熟于心了，多少文明都是这样，辉煌过，然后没落了，甚至消失了。伊特鲁里亚文明只存续了不到1 000年，随着罗马的不断强盛，后来它就逐渐衰落。而且人家罗马一旦发展起来并且形成了战斗力，那最先灭掉的一定是伊特鲁里亚，谁让你以前总欺负人家？关键的是，伊特鲁里亚还就在人家门口，从公元前3世纪开始，伊特鲁里亚一点一点地被罗马蚕食，直至完全并入罗马版图，竟没熬过“公元前”。

伊特鲁里亚是怎么被蚕食的？也简单，就是饱暖思淫欲。因为伊特鲁里亚人太有钱了、领土面积太庞大了，所以他们就开始不思进取，天天花天酒地了。这个日子过得太舒服了，那人肯定会变懒，后来随着罗马的扩张，自己的领土慢慢被侵略、蚕食了。

罗马人用了十几年的时间，几乎打下了伊特鲁里亚人全部的地盘，到最后剩下的那点人，就待在马尔凯这个地方，人家不出去了。他们这一藏，就给罗马“藏”出了一个历史上的遗憾。马尔凯的地形非常利于防守，除了东边是海，其他三面都是山，而且这些山，在面向西面、北面和南面的地方那都是悬崖。罗马人要想攻打进去，就得先从悬崖下爬上去。罗马人最擅长的是骑兵作战，这种多山的地形根本上不去，所以伊特鲁里亚人只要死死地守住几个峡谷、隘口，罗马人就根本打不进来。就这样，伊特鲁里亚人利用马尔凯地区的地形保存了自己的剩余势力。一直到罗马帝国灭亡，这地方都没能被征服得了。罗马人始终无法征服马尔凯，这里的葡萄自然也就保留了伊特鲁里亚人种下时的风味。

马尔凯能够依靠地形把罗马人挡在外面长达几个世纪，这首先就说明了，这地方不仅有山，并且这些山肯定是非常陡峭的，否则罗马骑兵当年就上去了。但是，葡萄园位于陡峭的山坡上就导致了采摘葡萄的时候，大型机器上不去呀，只能是人工采摘。这大型机器一旦上不去，那人工成本可就上去了。要记住，但凡是人工采摘葡萄的地方，那酿造的葡萄酒的价格都便宜不了。而且，这个马尔凯的总面积就很小，那么葡萄的种植环境肯定也是相对统一的，不会说一边是火山岩，一边是沙石，也不太可能出现东边日出西边雨这种事。种植面积小的话，葡萄产量也就不大，总结下来，马尔凯这地方的葡萄酒特点是产量少、价格贵，可能还得加上喝不着。

马尔凯三面环山，这些山的海拔都不低，而且不是火山，就是普通的山，相当于挡住了来自意大利中部地区火山喷发所产生的物质，自然当地的土壤中也就没有太多火山岩。马尔凯当地的土壤那都是由黏土构成的，特点是持水性很强，并且温度都很低。所以马尔凯这个地方，虽然也受到了地中海高温气候的影响，但是土壤温度相对来说很低，那这里的葡萄也算得上是在低温环境下成长起来的，特点就是清爽多酸。

这就和意大利中部其他地方的葡萄有着明显的区别。中部其他地方几乎都受到火山喷发的影响，土壤温度很高，生长的葡萄很甜，酿制的葡萄酒酒精度也比较高，喝了容易上头。马尔凯地区的葡萄酒与之不同，喝起来酸酸爽爽的，透心儿凉。

马尔凯地区的葡萄酒味道清爽多酸，说到这种口味，人们最先联想到的肯定是白葡萄酒，所以当地的白葡萄酒名气还是不小的。其中，马尔凯地区种植面积最广的葡萄品种是特雷比奥罗和维蒂奇诺（Verdicchio），也包括白玛尔维萨和白皮诺（Pinot Blanc），不过后两者的产量很少，而且表现一般。维蒂奇诺葡萄是马尔凯产区的一大特产，当地的卡斯蒂杰西（Castelli di Jesi DOC）子产区是维蒂奇诺葡萄的故乡。为什么说卡斯蒂杰西是维蒂奇诺葡萄的故乡？因为这里最先使用维蒂奇诺葡萄，并且形成了自己的风格，后来慢慢影响了整个马尔凯。

曾几何时，马尔凯的维蒂奇诺葡萄就跟意大利地区的其他白葡萄品种一样，是被扔到大橡木桶里面去酿造的。但是人家其他地方的葡萄是在高温土壤里面长出来的，能快速适应橡木桶里面的温度，但这个维蒂奇诺葡萄就不太行，再加上意大利本来就热，所以酿造出来的维蒂奇诺葡萄酒酸味太冲了。

到了20世纪70年代，卡斯蒂杰西子产区的一些酿酒师开始使用可以控制温度和隔绝氧气的不锈钢桶发酵葡萄酒，发酵的时候，温度能够降下来不少。这样一来，维蒂奇诺葡萄发酵后太酸的问题就瞬间被解决了，这里的白葡萄酒就变得非常清爽可口。再过了一阵子，当地有的酿酒师又坐不住了，在想能不能弄回点新的橡木桶发酵试试，结果他们发现在新橡木桶里发酵的维蒂奇诺葡萄酒真没法喝，全是浓郁的木桶味，所以之后的酿酒师在酿造这种葡萄酒时虽然会用橡木桶，但也只敢用一点儿。

因为生长在内陆高地向阳的山坡上面，常年受到阳光的照射，所以维蒂奇诺这种葡萄熟得比较早，再加上味道酸，所以酒体更丰富。总体来说，这个卡斯蒂杰西子产区的维蒂奇诺葡萄酒的特点就是口感清爽多酸，香气非常细腻，它还有个特点，就是大多数酒瓶为仿造古代葡萄酒壶造型的鱼形酒瓶。

最近这些年，在马尔凯产区表现较出众的红葡萄品种有桑娇维塞和蒙特布查诺，酿制的红葡萄酒有时是两种葡萄的混酿，有时是单品。就产量而言，马尔凯产区最重要的红葡萄酒是以桑娇维塞为主要原料酿制的皮赛诺葡萄酒，它单宁不高，酸度偏低，味道较为浓郁、复杂，具有典型的热带红色水果的风味。

小结

一、 马尔凯概述

1. 这里是一个弹丸之地，由于三面环山，在历史上成功挡住了罗马人的入侵，成为伊特鲁里亚人最后的藏身之所。
2. 当地的葡萄园都位于陡峭的山坡上面，需要人工进行采摘，所以葡萄产量少，葡萄酒价格贵。
3. 当地是地中海型气候，偏热，但是土壤以黏土为主，持水性强且温度低，所以当地的葡萄味道偏酸。

二、 马尔凯著名的葡萄品种

维蒂奇诺和特雷比奥罗，熟得早，味道酸爽，酿造的葡萄酒酒体丰富。

三、 马尔凯葡萄酒的代表作及特点

卡斯蒂杰西子产区的维蒂奇诺干白葡萄酒

特点：清爽多酸，香气细腻。

饮用建议：控制在10℃~14℃，冰镇后饮用，可搭配餐前沙拉或者味道较轻的海鲜类食品。

识别标识：鱼形酒瓶，并且酒标上有明显的“Castelli di Jesi DOC”字样。

Emilia-Romagna 艾米利亚-罗马涅的香醋

今天来讲讲位于意大利中部偏北的一个比较大的产区——艾米利亚-罗马涅。这个地方要说起面积，那可不小，北至波河，南至亚平宁山脉托斯卡纳段，东至亚得里亚海，西至亚平宁山脉利古里亚段，是意大利中北部相当大的地区。这个地方不仅人口多、风景好，而且是意大利的美食胜地，比如博洛尼亚奶酪、帕尔马火腿，都是这里的特产。

说起这个地方，名字挺长的，艾米利亚-罗马涅其实是由两个地方合称而来。这两个地方挨得挺近，说起它们，还有一件特别有意思的事：这两个地方，一个是罗马从弱小到强大的崛起之路，另外一个是罗马最后苟延残喘的犄角旮旯。

是这样的，自从恺撒大帝登基以后，罗马那是无时无刻不惦记着外面的那些地盘。恺撒大帝坚持着“3V”原则——VENI，VIDI，

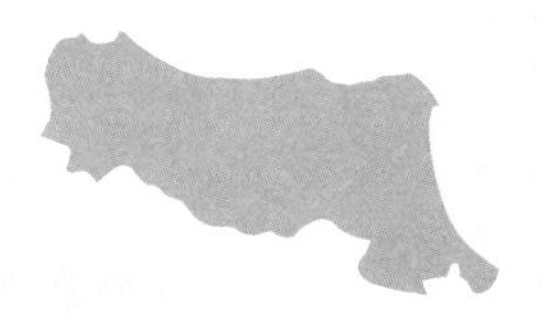

Emilia-Romagna
艾米利亚 – 罗马涅

VICI（我来，我看见，我征服）。冲着这个，就知道这老头儿的野心有多大。当然，他刚刚登基的时候，罗马还没有那么强大，势力范围也就局限于现在的拉齐奥以及托斯卡纳南部一些地方。在当时的意大利，南部那基本是希腊人的地盘，东部是伊特鲁里亚人的范围，西部是海就不用说了。

以罗马当时的军事力量来说，它还不足以被称为帝国，所以罗马人就盯上了位于意大利北部的那些分散的小部落。恺撒大帝在刚刚登基的时候，就把征服意大利北部作为自己的战略重点。但是，意大利本身属于多山的国家，那个时候交通又特别不发达，想往北边走却发现根本没路。

但恺撒大帝是什么人？他要是想干什么事，那就是有条件要上，没有条件，创造条件也要上。一看往北没路，那咱就自己动手开辟一条出来。所以，恺撒大帝就先带着部队开凿出一条路，直通意大利北部的各个地区，这条路就是艾米利亚大道。艾米利亚是古罗马的一个胜利之神的名字，也不知道是不是受这个名字的影响，恺撒大帝北伐大获全胜，从此一统意大利北部。

恺撒大帝凯旋时，走的还是这条路。当时，恺撒就认为这是一条通往胜利之路，所以他在回程时就给这条路起名为“艾米利亚”。久而久之，这条路的名字就成为这个大区名字的一部分。艾米利亚–罗马涅大区的首府叫博洛尼亚，在意大利语中是猎场的意思，据说恺撒大帝最早是在这个地方练兵的，可见在罗马扩张时期，这地方扮演了一个什么样的历史角色。

而那个罗马涅和艾米利亚比起来，就有点可悲了，罗马涅中的“涅”（gna），在意大利语中是灭亡、死亡的意思。这地方最早叫作拉韦纳，之所以后来被称为罗马涅，是因为这里曾是西罗马帝国最后的首都，在风雨飘摇、金戈铁马的5世纪见证了西罗马帝国最后的消亡。

西罗马帝国的倒数第二位皇帝叫尼波斯，这家伙也是倒霉，他登基的时候，西罗马帝国已经被消耗得差不多了，等于他一登基，接手的就是个烂摊子。当时西罗马帝国国内人口急剧减少，青壮年都战死了，国内的男人基本上是老人和少年，而且经济又陷入了极大的危机，各方起义不断。当时尼波斯也是实在没有办法了，他从欧洲北部的日耳曼部落那边雇用了一支军队过来平叛。日耳曼军队那是野蛮人出身，来了以后很快就把这些起义军给镇压了，但是请神容易送神难，这帮人一来，看见西罗马帝国的花花世界，那他们还会想走?

日耳曼人又去联络北方的西哥特人，一起过来对付罗马人，很快就把西罗马帝国给灭了。就这样，这位尼波斯皇帝算是为西罗马帝国的时代画上了一个分号。注意可不是句号，故事到这儿还没讲完呢。

据记载，在540年，东罗马帝国那地方冒出来一个拥有雄才大略的君主，这个家伙在位的时候，那是一门心思要给西罗马帝国的父老乡亲报仇，而且这个家伙超级会打仗。没过多久，他再次从那帮野蛮人手里收复了旧都，并支持西罗马帝国的最后一任皇帝，名字叫罗慕路斯·奥古斯都鲁。他的名字包含了两位罗马统治者的名字，罗慕路斯那是创建罗马城的人，奥古斯都那是罗马帝国巅峰时期的皇帝。

这哥们儿名字是叫得挺响亮，可实际

上呢？他也挺倒霉。他倒霉就倒霉在君主查士丁尼的收复这一仗打得可不容易，产生了非常巨大的战争耗费。他这些年折腾下来，西罗马帝国也是一片废墟，而东罗马帝国的那点家底儿，也被查士丁尼消耗得差不多了。

这一仗，别看他打赢了，把罗马帝国的领土又恢复到之前那么广阔，但此罗马帝国非彼罗马帝国。现在的罗马帝国就像一个体重 200 多斤并且病入膏肓的大胖子，查士丁尼一死，当时欧洲西部和南部的各方野蛮人部落对这个庞大又很虚弱的西罗马帝国是群起而攻之。

当时这些蛮族分为三个军团：一是以东哥特人为主的日耳曼军团，从北边杀进来；二是以西部的汪达尔人为主的伊比利亚武士军团，从西边杀进来；三是以北非为首的非洲部落，从南边杀进来。三路大军进入意大利以后基本没遇到什么像样的抵抗，直接逼近西罗马帝国的核心，这位罗慕路斯根本抵挡不住，只能跑，那往哪儿跑？北边、西边、南边都是敌人，那只能往东了。罗慕路斯是一边象征性地抵抗，一边往东撤，最后就跑到了拉韦纳这地方，没办法再跑了，因为再往东就是海。结果这位西罗马帝国的末代统治者就被堵在这儿了，就跟当年罗马人把人家伊特鲁里亚人堵在马尔凯似的，一辈子也没能出去，罗慕路斯最后郁郁而终。关键是，他的 4 个儿子在逃亡路上都战死了，等于说这哥们儿家的香火断了，所以这位皇帝的死，彻底宣告了西罗马帝国再无复起之望。罗慕路斯死了以后，那群野蛮人部落把这地方的名字从拉韦纳改成了罗马涅，表示这里是西罗马帝国最后存在的角落。

通过这一系列的历史故事，我们要记住两点：第一点是艾米利亚–罗马涅最早是两个地方，北部的艾米利亚是罗马崛起时修筑的一条路，罗马人早期就是通过这条路开疆扩土的，为今后的罗马帝国打下了基础；第二点是罗马涅是西罗马帝国最后苟延残喘的地方。

后来也不知道是谁出的主意，非要把这俩地方给合并了，弄得意大利人一提起这个艾米利亚–罗马涅地区都不知道该说什么，是说这地方是我们的荣耀呢，还是说这里是我们曾经丢过人、现过眼的地方呢？

回到刚才的那段历史中，恺撒大帝为什么在艾米利亚这

地方修路？想象一下，要修一条路，还要在短时间内修好，并且修好了就得马上能用，在这种情况下，肯定得挑选平原地带修路。所以咱们从中能够推测出，艾米利亚这里的地形是以平原为主。

反过来想，如果现在有一大帮人天天追在你后头打，你往哪里躲？肯定是往山旮旯里。西罗马帝国最后躲在罗马涅这地方，说明了罗马涅这里的地形那是以山地、丘陵为主。

艾米利亚这个大平原不挨着海，属于大陆性气候，从这个地方再往西就离阿尔卑斯山很近了，就是那座大雪山。再加上这个大平原上没有什么山，阿尔卑斯山那大冷风一吹，直接就能影响这里，所以艾米利亚这个地方的气候是比较凉爽的。

这里的土壤和意大利中部地区的差不多，在历史上也是受到了火山喷发的影响，积累了大量石灰岩、火山岩和矿物质土壤，都是典型的高温性土壤。但是来自阿尔卑斯山的冷空气又能够把当地的气温给降下去不少，这就形成了当地综合温度偏高，但是要比托斯卡纳大区的温度低，要比皮埃蒙特大区的温度高的特点。那么这里的葡萄酒味道就要比托斯卡纳所产的清淡，比皮埃蒙特所产的浓烈。

艾米利亚是土壤温度高、气候温度低，遇到这种情况要先考虑土壤温度对葡萄的影响，所以这里的葡萄酒说起来，酒精度算是偏高一点点。而罗马涅那边多山，属于地中海型气候，这里的山也是中生代时期的那次地壳运动给挤压出来的，所以这里是土壤温度高，气候温度也高，那么这里的葡萄酒的酒精度要偏高。

目前，艾米利亚–罗马涅产区有两个DOCG子产区，分别是博洛尼亚丘陵匹诺莱托保证法定产区（Colli Bolognesi Pignoletto DOCG）和罗马涅阿巴娜保证法定产区（Romagna Albana DOCG）。这两个子产区的命名方式一样，都是地区的名称加上本地最著名的一款葡萄的名称。

先说博洛尼亚丘陵匹诺莱托子产区，博洛尼亚是地名，是恺撒最早练兵的地方，位于艾米利亚–罗马涅的南部；而匹诺莱托（Pignoletto）就是这里最著名的葡萄品种，它其实和翁布里亚的葡萄格莱切多是一个品种，都属于晚熟型，味道偏甜，一般种植在博洛尼亚西南部的山坡上。匹诺莱托在不少法定产区都被用于酿造起泡酒，用该品种酿造的单一品种白葡

萄酒一般酒体轻盈，带有丝丝白花、洋甘菊、茴香和青苹果的味道，质地细腻。在罗马涅，该品种的果实也会被风干，用于酿造甜型葡萄酒，不过比较罕见。一般来说，如果某种葡萄采收较晚，那使用该品种酿造的葡萄酒会有不错的浓郁度。

再来看看罗马涅阿巴娜子产区。这里是艾米利亚-罗马涅生产白葡萄酒的代表产区，在1967年被授予DOC等级，更在1987年被授予DOCG等级，且是第一批。当时这个子产区还被称为阿巴娜-罗马涅（Albana di Romagna），是意大利产区常用的那种命名方式，葡萄品种在前，产区名称在后，但在2011年，产区联合会将这里更名为罗马涅阿巴娜。

罗马涅在2011年被授予DOC等级，同时衍生出一些子产区，比如桑娇维塞-罗马涅子产区、特雷比奥罗-罗马涅子产区。以其中最著名的桑娇维塞-罗马涅子产区为例，这里主要以桑娇维塞酿造红葡萄酒，当地规定在葡萄酒的混酿比例中，桑娇维塞占比最低为85%，这里也被认为是桑娇维塞的原生地。这里酿造出的葡萄酒通常表现出中等的酒体、中等到高等的单宁，还带有微量的矿物质气息，闻起来会感觉到紫罗兰和野生水果的风味，其中表现最突出的就是野樱桃风味。

最后，再来说点与外科手术有关的内容。在艾米利亚-罗马涅有一款著名的香醋，名字叫巴萨米克醋（Aceto Balsamico），它也是在大木桶里酿造的，源自摩德纳。这种香醋之所以叫巴萨米克，是因为它有医疗作用，而今天的香醋还是跟中世纪时一样，以相同的方法进行发酵和储存。在中世纪的时候，只有贵族才买得起这款香醋。

现在，在艾米利亚-罗马涅大区的餐馆里，人们经常可以看到非常大的木桶，它们散发出浓浓的香味，而且那股香味闻多了会醉。知道的人明白那是香醋，不知道的人真会以为那是一种美酒。

Emilia-Romagna 艾米利亚-罗马涅的蓝布鲁斯科

艾米利亚-罗马涅的两大葡萄品种匹诺莱托和阿巴娜虽然品质不凡，但是想当这里的代表品种，还差点儿意思，这个大区真正的代表品种叫蓝布鲁斯科（Lambrusco）。

对于一些初级品酒师而言，这个蓝布鲁斯科在印象中可能更像一款葡萄酒的名字。这种葡萄酿成的葡萄酒在20世纪80年代初的时候，曾经在美国及欧洲北部的大众市场中十分受欢迎，因此当时很多人对于这个名字的认知是它仅仅为一款酒而已。

其实，蓝布鲁斯科不光是葡萄酒的名字，从严格意义上来说，它是由多个葡萄品种组合而成的一个系列。这些不同的葡萄品种主要种植在意大利艾米利亚中心的3个地区——摩德纳、帕尔马和雷焦艾米利亚。此外，在皮埃蒙特大区、特伦蒂诺-上阿迪杰大区还有巴西利卡塔大区，也种有蓝布鲁斯科。

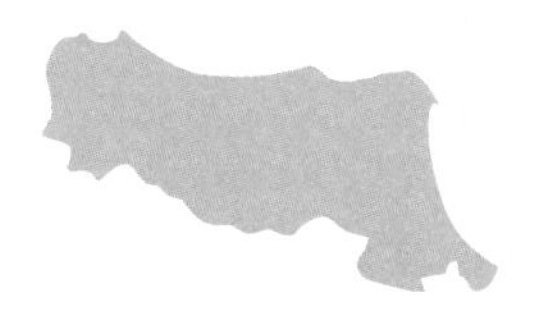

Emilia-Romagna
艾米利亚－罗马涅

既然这种蓝布鲁斯科葡萄在意大利的北部、中部、南部都有种植，那种植面积广了，产量自然就会很高。

那这种蓝布鲁斯科葡萄为什么有这么多品种呢？这里先介绍一下这种葡萄的由来：在艾米利亚－罗马涅这地方，酿酒的路子也是那一套，最早罗马人先在这里种上了葡萄，但是之后的两个多世纪里，这地方可是只种葡萄不酿酒的，因为种出来的葡萄都被卖到了外地，和其他葡萄进行混酿。

在前文说过，艾米利亚是古罗马胜利之神的名字，再加上这里是恺撒大帝开凿出来的一条道路，用以连接罗马和意大利北部的各个部落，并且恺撒大帝从这条路北上，一举统一了意大利的北部地区，这也就奠定了罗马帝国的基础。所以艾米利亚这个地方在后来几乎就成为罗马人专门摆庆功宴的地方，比如谁家做生意发财了，谁家小子在战场上立功了，谁家媳妇儿生了个双胞胎，等等。只要罗马人有什么好事，都得跑这地方来庆祝一下。

随着领土的扩张，罗马人把葡萄种得哪儿都是，由此可见，葡萄酒在他们心目中是什么样的地位。那么，这么重要的

好东西，庆功的时候是不是得拿出来和大家分享一下？慢慢地，每当人们来到艾米利亚庆祝，都会带来不同地区的葡萄酒。

各家的好东西都往这边拿，经年累月之后，艾米利亚这地方的好酒是越来越多，当地人就有点坐不住了。当时有一些果农以及商人就在一块儿商量着：“其他地方的人总是拿着自家的好酒跑咱们这儿来炫耀，咱们这光看着不是个事呀，咱这地方又不是没有葡萄，那么咱们以后是不是也开始酿造点葡萄酒，以后再来人，就让他们尝尝咱们艾米利亚酿出的味道？”这个想法一冒出来，当地人就奔走相告，没过多久，他们还真就干上了。他们先是使用本地的葡萄酿单品葡萄酒，但是味道不咋样，不管怎么改善、怎么提高酿酒技术，酿出的葡萄酒味道都不是最好的，这相当于艾米利亚葡萄酒的 1.0 版本。没办法，巧妇难为无米之炊，葡萄就那质量，你还想咋样呀？

之后，当地人又开始琢磨了，只使用本地的葡萄酿酒，估计是没什么前途了，那么是否可以引进一些外来品种和本地的葡萄串一串，没准儿是个路子。这个想法一冒出来，当地人就开始行动起来，他们还是靠着人们来这里庆功的机会，打听出了不少外边的葡萄品种。

当地人就开始在本地一种一种地试，一开始的时候，很多葡萄种得也不怎么样，毕竟气候和土壤的差异在这儿摆着呢。后来，当地人尝试着把这些外来品种和本地的葡萄品种进行杂交，效果竟然不错，这就可以算是艾米利亚葡萄酒的 2.0 版本，当地人以后就一直这么干了。那这样一来，培育出的品种肯定不止一种。比如，同样是本地的葡萄品种，它和艾格尼科杂交后是一个品种，它和巴贝拉杂交后那又是另外一个品种。这样的品种渐渐是越来越多，但是，当地人想给它们起一个统一的名字，叫什么好呢？既然这些品种都是杂交出来的，那干脆就叫蓝布鲁斯科吧。这个蓝布鲁斯科中的“蓝布”（Lamb）在意大利语中就是外来的意思，“鲁斯科”（Rusco）在意大利语中那是基因突变的意思。

说蓝布鲁斯科并不是一个葡萄品种而是一个系列的原因就在这儿呢，它可是由不知道多少个葡萄品种经历过多少次排列组合所诞生的产品。

这么多品种，我先挑几个有代表性的介绍一下。首先，蓝布鲁斯科的红葡萄酒，总体来说果香非常浓郁，但是陈年能力较差，此类葡萄酒主要出产在艾米利亚的 4 个 DOC 子产区，分别是索巴拉蓝布鲁斯科（Lambrusco di Sorbara）、卡斯泰尔韦蓝布鲁斯科格斯帕罗萨（Lambrusco Grasparossa di Castelvetro）、蓝布鲁斯科雷斯安诺（Lambrusco Reggiano）、圣克罗切蓝布鲁斯科萨拉米诺（Lambrusco Salamino di Santa Croce）。

在这4个DOC子产区中，除了蓝布鲁斯科雷斯安诺子产区，其他子产区的葡萄酒特点比较统一，都是干型或微甜型，酸味十足，略微起泡。蓝布鲁斯科雷斯安诺子产区的葡萄酒稍带甜味，但这种甜味并不是由当地的气候造成的，而是因为另一个葡萄品种——安塞罗塔（Ancellotta）。如今，在蓝布鲁斯科的全部品种当中，安塞罗塔是使用频率最高的一种，它最大的作用是给葡萄酒上色，因为此种葡萄皮厚，所以酿出的葡萄酒颜色深。

为什么用安塞罗塔混酿的葡萄酒能有甜味？这是因为酿制时采用了一种方法叫部分发酵，说白了就是不让葡萄发酵完毕就出酒。如果是完全发酵，葡萄里面的糖分基本上会被消耗得差不多，这也就是我们平时喝的干红、干白这种葡萄酒一点儿甜味都没有的原因。

但是，如果采用部分发酵法，就是葡萄发酵到一半的时候就停止发酵，那葡萄里面的糖分就能保留不少，同时葡萄酒的酒精度也不会太高，这就是蓝布鲁斯科雷斯安诺子产区的葡萄酒酒精度不高并且稍带甜味的原因。

过去几年，意大利的大多数蓝布鲁斯科葡萄酒是由酿酒合作社或大型的商业化酿酒厂酿制的，以干红和干白为主，但这种一味追求商业利益的方式就导致葡萄酒产量通常十分高，但是毫无个性可言。所以，当地近些年来开始大力发展蓝布鲁斯科起泡酒系列。在酿酒方面，除了采用传统起泡酒所用的桶式酿造法及深度过滤法、稳定法，当地还常使用巴氏消毒法[①]。

---

① 就是先把温度提高到60℃以上，保持约30分钟，之后温度突然降到0℃以下，细菌往往是承受不住这种突然的降温的。

蓝布鲁斯科目前已知的子品种有很多，所酿制的起泡酒有清爽轻盈的，也有强劲浓郁的，如果你并不了解起泡酒，这么多的选择可能会让你看花了眼。因为产区不同、酿酒师的偏好各异，以及葡萄品种不同等，干型蓝布鲁斯科起泡酒的风格多种多样：轻盈型的干型蓝布鲁斯科起泡酒带有草莓味，余味酸爽，令人满口流津；而浓郁型的则如加了黑莓的红茶，并且会在口腔内部形成一定的薰香感和刺激感。

不仅如此，蓝布鲁斯科起泡酒的起泡程度也各异，有短暂轻盈的，也有丰富持久的。通常来讲，半甜型或半干型葡萄酒常被称为入门级的葡萄酒，但这似乎并不适用于蓝布鲁斯科起泡酒。高品质的蓝布鲁斯科起泡酒酸度充足、单宁强劲，可与辛辣食物、甜食等搭配。轻盈型的半甜型蓝布鲁斯科起泡酒喝起来口感激爽，如苏打水一样，带有覆盆子的风味；而浓郁型的半甜型蓝布鲁斯科起泡酒尝起来口感顺滑，常带有草莓酱的风味。

如果有人喝过一些蓝布鲁斯科起泡酒，可能会有一种感觉，即这种酒喝起来让人感觉很舒服，似乎没人会不喜欢它。

没错，平易近人，这一特点是蓝布鲁斯科起泡酒的最大优势，但也是它的最大劣势。

蓝布鲁斯科起泡酒因适合与各种食物搭配，成为世界上最畅销的葡萄酒款之一。近年来，意大利的酒商不断努力改善传统的酿酒工艺，提高蓝布鲁斯科起泡酒的品质和口感，可是很多挑剔的品酒师依然不认可其魅力。因为他们对这款酒的评价与广大的消费者截然相反，一提起蓝布鲁斯科起泡酒，某些知名的葡萄酒专家和品酒师都会皱起眉头。对于他们来说，蓝布鲁斯科起泡酒只是适合年轻人饮用的入门级酒款。可是，在消费者眼中，蓝布鲁斯科起泡酒拥有着意大利葡萄酒的光环：不但口感柔顺、酸爽可口、酒精度适中，而且性价比很高，尤其适合冰镇后喝，能与各种食物搭配，同时又不会掩盖食物本身的风味。

说白了，广大人民群众挑酒，只要好喝就成，而品酒师挑酒，那看重的因素可就多了，如产区、年份、口感、葡萄品种、陈年潜力等。蓝布鲁斯科起泡酒就是一款非常简单的葡萄酒，当然禁不住这么挑三拣四了。

总之，不管是蓝布鲁斯科起泡酒的爱好者还是那些对这款酒抱有怀疑态度的葡萄酒专家，他们大都认为蓝布鲁斯科起泡酒是意大利起泡酒的一个分类而已。事实上，蓝布鲁斯科起泡酒有着很多种类：红起泡酒和桃红起泡酒，干型、半干型和甜型，微起泡和起泡。因此，只有具备专业葡萄酒知识的人才能从中欣赏蓝布鲁斯科起泡酒数千年的历史文化。

小结

一、 艾米利亚 - 罗马涅概况

1. 此产区原先是两个地区，艾米利亚是罗马崛起的地方，罗马涅是西罗马帝国覆灭前苟延残喘的地方，后人把这两个地区合二为一。
2. 艾米利亚地区以平原为主，靠近阿尔卑斯山，气候偏冷；罗马涅地区以山地、丘陵为主，土壤温度高，气温也高。

二、 艾米利亚 - 罗马涅著名的葡萄品种

1. 匹诺莱托，晚熟型，味道偏甜，酿造的葡萄酒有不错的浓郁度。
2. 阿巴娜，香气浓郁，有典型的薰香料风味。
3. 蓝布鲁斯科系列，品类繁多，是不同的外来品种和不同的本地品种经过杂交后产生的。

三、 艾米利亚 - 罗马涅葡萄酒代表及特点

1. 博洛尼亚丘陵匹诺莱托子产区的白葡萄酒

   特点：味道清爽、甘甜。

   饮用建议：控制在 8℃ ~10℃，冰镇后饮用，可配置少许冰爽型甜点。

识别标识：酒标上有明显的“Colli Bolognesi Pignoletto DOCG”字样。

2. 罗马涅阿巴娜子产区的红葡萄酒

   特点：味道浓郁、厚重。

   饮用建议：控制在12℃ ~15℃，醒酒30分钟后饮用，可配置少许肉食。

   识别标识：酒标上有明显的“Romagna Albana DOCG”字样。

3. 蓝布鲁斯科 – 安塞罗塔起泡酒

   特点：轻微的甜度，酒精度偏低。

   饮用建议：开瓶即饮，并且请一次性喝完，不建议保存。

   识别标识：酒标上有明显的“Lambrusco- Ancellotta”字样。

Liguria 利古里亚的皮加图

这次我们来讲讲皮埃蒙特大区酿酒的源头，意大利北部的一个小产区——利古里亚。这个地方论面积的话，在意大利的 20 个大区里面排倒数第二位，排倒数第一位的是位于意大利中南部的莫利塞。

但是，就这个利古里亚，在历史上可是非常给力的，而且意大利葡萄酒能够在中世纪时闻名全世界，这个地方那可是功不可没的。

说到利古里亚种植葡萄的历史，其实还是那条线：被罗马人带过来给种上的。这地方自从在 2 世纪被罗马人统治，虽然种上了葡萄，也酿出了葡萄酒，但是在往后的 1 000 多年里，这里的葡萄酒基本上就没外人知道。一直到了 12 世纪初，随着热那亚共和国的快速崛起，才把这里的葡萄酒推到了历史上的巅峰。

在讲撒丁岛的时候，我提到过撒丁岛曾

经被汪达尔人占领，而他们占领撒丁岛其实是为了打通欧洲和北非之间的胡椒贸易通道。但撒丁岛说到底就是一个小岛，本身并没有太多物资储备，所以汪达尔人要想在那座岛上长期发展的话，还要在后方有一个物资中心。

这个大后方选在哪儿好呢？距离撒丁岛比较近的大陆地区，一个是拉齐奥，一个是托斯卡纳，再一个就是利古里亚。拉齐奥那是人家罗马人的地盘，汪达尔人敢在那儿动手脚吗？托斯卡纳那地方崇山峻岭，交通也不方便，所以到最后，汪达尔人干脆选了利古里亚。因为这个地方面积小，罗马人不太注意，而且距离法国很近，万一出点儿什么事也能跑那边躲躲。

当然，汪达尔人当年把这里作为物资中心并不是说拿一大堆物资往这地方一放，撒丁岛那边什么时候用就从这边拿，不是这么一回事。要真敢那么干，让罗马人知道，早晚得灭了他们。汪达尔人当时是没事老和利古里亚这里的人做买卖，就是他们从撒丁岛去非洲弄点儿胡椒过来，之后就先在利古里亚这儿换点东西。

在中世纪的欧洲，胡椒就跟现在的石油似的，拿这东西做买卖，客流量可想而知。久而久之，双方买卖做得多了，关系也就融洽多了。在西罗马帝国灭亡以后，这个小地方其实和撒丁岛一起归汪达尔人了，但是汪达尔人在占领北非之后，又很快被拜占庭帝国灭了。自此，利古里亚落入了拜占庭帝国的手里。

这个拜占庭帝国其实就是东罗马帝国。西罗马帝国的灭亡，汪达尔人可有一份力呢，说白了人家那也是给父老乡亲报仇。而这个拜占庭帝国的领土主要在亚洲西部和欧洲东部，比如土耳其、叙利亚、巴勒斯坦这些地方。亚洲西部地区居住着很多伊斯兰教徒，所以拜占庭帝国在发展中也受到了伊斯兰文化的影响。在拜占庭帝国占领了利古里亚以后，利古里亚人也跟着受到伊斯兰文化的熏陶，而且拜占庭帝国的这帮人占领这里后，那可不是说待上个把月就走了，人家在这儿足足统治了400 多年。

穆斯林的梦想就是去圣城麦加朝圣，利古里亚这里的人被拜占庭帝国统治了400多年，深受伊斯兰文化的影响，所以当地人也对圣城麦加充满了向往。后来十字军东征，当地人为什么积极地响应，那和这些也是有关系的。

利古里亚人参加十字军东征时是从当地的一个码头登船出发的，当时出征的人被寄予了很大的希望，希望他们能够一路向东打胜仗。但是，家乡人希望他们打胜仗可不是指望因此立功受奖，回来当个官儿什么的，而是希望他们能够一路向东，代表家乡人去麦加朝圣。

当时，利古里亚的年轻人参军，那都得从当地的一个码头登船，等年轻人都走了，家乡的父老乡亲每年都会来到这个

码头看看，当时有不少人在这个码头上向大海的方向眺望，寄托一下对于家人的思念。人们来这里眺望远方的时候，自然是希望能够看得远一点儿，后来他们给这个码头起了个名字叫热那亚，在伊斯兰教的语言里面就是灯塔的意思。所以，热那亚在欧洲也被人们称为“灯塔之城”。现在，热那亚是意大利非常著名的一座港口城市，也是利古里亚大区的首府。

整个利古里亚大区的葡萄酒，在中世纪随着十字军东征、热那亚港口的完全对外开放，进一步打开了国际市场。最后，整个意大利北部地区的葡萄酒，大部分是从热那亚这里装船、出海的，然后销往全世界。所以，意大利北部的葡萄酒能够在国际上出名，说到底，那得感谢人家利古里亚。

由于港口的对外开放，热那亚这里的贸易往来越来越频繁，也就进一步带动了当地的经济发展。没过多久，当地就建立起了热那亚共和国，那可是非常著名的商业帝国。随着热那亚共和国的崛起，整个利古里亚地区在世界上都出名了，有道是“一人得道，鸡犬升天”，这里的葡萄酒自然而然地也就传遍了全世界。

但是，有一句话叫作“月满则亏，水满则溢”。在热那亚共和国崛起 200 多年之后，意大利东边冒出一个和这个国家对着干的。谁呀？威尼斯共和国。

两个共和国为了争夺商业霸权，一共进行了4次大规模战争，威尼斯人马可·波罗就是在热那亚共和国的监狱里完成了《东方见闻录》。就是到了现在，威尼斯人一说起自己的历史，都少不了那句："我们曾经被热那亚人围攻4次，但是我们没有灭亡。"

在1380年，热那亚舰队深入亚得里亚海，进攻威尼斯，却近半年打不下来，最后想撤退时，人家威尼斯的黑海舰队回来了，那能让热那亚舰队跑了吗？

热那亚舰队打人家威尼斯，本身就得从意大利南部兜一大圈过去，这么长的战线，那会儿通信技术又差，没有什么电话、电报之类的，军队出去这么远，后方支援一旦跟不上就完蛋了。威尼斯人正是看出了这一点，直接把热那亚的后勤补给线给打掉了，紧跟着就是重创热那亚舰队。从此之后，热那亚共和国从兴旺走向了衰落。

热那亚共和国这一衰落，内部的问题来了。这军队一打仗，还打败了，关键是把国库都给花光了，紧跟而来的就是国内出现经济危机，直接导致了很多后果，其中自然包括葡萄酒产业

受影响。很多酿酒师都丢了饭碗，大家一看怎么办？只能出去另谋生路了。

随着这帮酿酒师的外逃，他们把当地的葡萄酒酿制技术带到了四面八方，其中受影响最大的就是皮埃蒙特大区。所以，别看人家利古里亚这地方小，那可是“桃李满天下”呀，尤其是皮埃蒙特，那可算得上是利古里亚最得意的弟子。

前文说过利古里亚自从2世纪被罗马人占领以来，在以后的1 000多年里，这里的葡萄酒基本上没人知道，为什么会这样呢？就这一亩三分地，属于地中海型气候那自不必说，并且多山，关键是这地方是全欧洲降雨量最少的地方，土地太贫瘠了。这里的表层土壤多为沙石，全境山势崎岖，耕种困难，谁家能在沙子上面种出什么好的农作物来？在史前的时候，因为地壳运动，陆地部分下沉了，海水漫上来了，这里等于就是好好的一块地方，中间被一刀切下一半去，所以这里有许多地方几乎是直接临海的悬崖。在这种地方，想大规模种葡萄根本就不可能，所以这里的葡萄园基本是“挤”在狭小的梯田里面，说白了也就是在悬崖和悬崖之间那么窄的小过道里面种了点，葡萄产量自然非常少，葡萄酒没多少人知道也就不稀奇了。

从地形上看，利古里亚大区西部的最深处位于阿尔卑斯山脉，东部的最远处是亚平宁山脉，就这么个地方，山地面积占总面积的70%，丘陵面积占17%，剩下那13%之中，还有一半多的地方几乎什么也种不了。

总之，这里几乎没有平坦的地方，就跟意大利中部地区的马尔凯似的，葡萄树都种在了陡峭的山坡上，采摘的时候大

型机器上不去，那人工成本可就上去了。

因早年间受撒丁岛的影响，利古里亚大区盛产白葡萄酒。这里的西部主要种植白葡萄品种，最著名的是皮加图（Pigato），它与撒丁岛的维蒙蒂诺葡萄及皮埃蒙特的法沃里达（Favorita）葡萄风格非常相似，味道偏酸。

利古里亚这里目前只有 8 个 DOC 子产区，其中以五渔村（Cinque Terre）和多尔切阿夸（Dolceacqua）两个子产区最为著名。其中，五渔村子产区被列入联合国教科文组织的“世界遗产名录”，这里山水奇雄，以前还有 1 500 公顷的梯田葡萄园，不过现在已经所剩无几了。

五渔村子产区盛产一款风干型的葡萄酒，名字叫夏克特拉（Sciacchetrà），在意大利语里面是“粉碎”的意思，因为该葡萄酒由葡萄干制成：农民将葡萄筛选后，置入晒架，于阴凉处风干 3 个月。这种葡萄酒的酿制期限最短得 1 年，所以佳酿价格昂贵，最好的饮用方式是倒适量于小杯盏之中，并佐以当地甜点一同享用。

以前，当地的每个家庭都要收藏几瓶夏克特拉葡萄酒，用于重要场合，诸如洗礼、婚礼及葬礼等，这代表了它的神奇疗效：数滴玉液，便能驱尽无限哀愁！这款葡萄酒的酒液一般呈琥珀色，散发出坚果、杏仁、蜂蜜和无花果的芳香，酸甜配合得极为平衡。

另外一个DOC子产区——多尔切阿夸位于利古里亚西部，在阿尔卑斯山脉的山脚。萝瑟丝（Rossese）是此子产区内知名的红葡萄品种，其酿造的红葡萄酒在风格上和法国的勃艮第所酿制的葡萄酒比较相似，口感很轻盈，充满了浆果和草本植物的风味。但不同的是，萝瑟丝红葡萄酒单宁含量较少，且带有更多的咸味和矿物质味。

小结

一、 利古里亚概述

1. 产区面积小，葡萄酒产量也少，但这里曾经是意大利北部地区最大的出海港口。
2. 这里属于地中海型气候，炎热干燥，降雨量较少。
3. 地区内山势崎岖，葡萄园基本是“挤”在狭小的梯田里面。

二、 利古里亚著名的葡萄品种

皮加图：颜色明亮，酸度较高。

三、 利古里亚葡萄酒代表及特点

五渔村子产区的夏克特拉葡萄酒

特点：酿制期限最短为 1 年，酒液一般呈琥珀色。

饮用建议：冰镇 20 分钟后，搭配甜品饮用。

识别标识：酒标上有明显的“Cinque Terre & Sciacchetrà”字样。

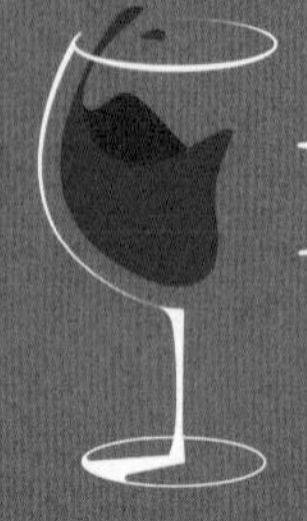

Piemonte 皮埃蒙特的内比奥罗

这一节来讲讲意大利北部最著名的产区——皮埃蒙特。它位于意大利西北部，是阿尔卑斯山脚下的丘陵地带，“皮埃”（Pie）在意大利语中是脚的意思，“蒙特”（Monte）是山的意思。

这个产区在世界上很知名，其实它名字的来历就是这么简单，因为靠着阿尔卑斯山呢，所以意为“山脚下”。根据这个名字，首先就能看出一个特点：这个皮埃蒙特产区受阿尔卑斯山的影响是非常大的。阿尔卑斯山那是大雪山，延伸至法国的东南部、瑞士的西南部和意大利的西北部。

整个阿尔卑斯山，靠近法国和瑞士的那部分以山坡为主，而靠近意大利的这一部分则以悬崖为主。也就是说，皮埃蒙特这边其实基本上位于阿尔卑斯山的悬崖下。

既然皮埃蒙特位于悬崖下方，还有阿尔

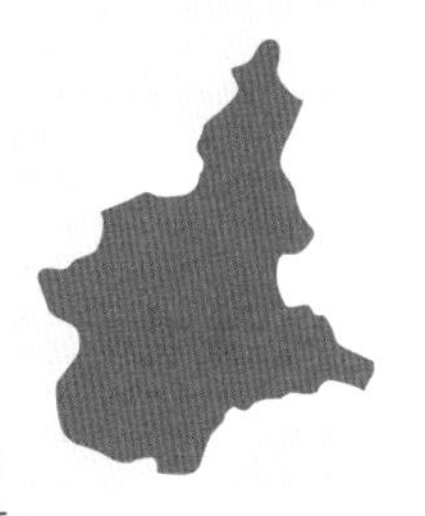

Piemonte
皮埃蒙特

卑斯山那么高的大山挡着，那这里每年能见到多少阳光？一般来说，阳光少的地方，气温也高不了太多，再加上大雪山上面时常刮风带点儿雪下来，雪一融化，就变成了水，这些因素就促成了皮埃蒙特非常特殊的气候条件，即寒冷、潮湿，而这又进一步导致这里种植的葡萄风味偏酸。同时因为这里位于意大利西北部，远离地中海，属于大陆性气候，昼夜温差比较大，所以葡萄皮能积累更多的风味物质，酿出的葡萄酒香气也更加浓郁、持久。

说到这个皮埃蒙特的酿酒历史，最早有文献记载是在 14 世纪，因为当时的热那亚共和国打了败仗，把国库都给耗光了，没钱了，所以当地的很多酿酒师、葡萄农一看，想着得了，这地方肯定是混不下去了，有道是“树挪死，人挪活”，干脆咱们走出去，另谋生路吧。当时，热那亚共和国有一位非常著名的酿酒师叫巴蒂尼，他离开了利古里亚，一路向北就来到了皮埃蒙特这里。那个时候，皮埃蒙特其实已经在种植葡萄了，并且也酿酒了，巴蒂尼并不是皮埃蒙特葡萄酒的鼻祖，但他可是皮埃蒙特葡萄酒的改革大师。

在西罗马帝国存在的时候，皮埃蒙特是法国和意大利之间的一个非常重要的贸易区，当地人满脑子想的都是做生意赚钱，就没有把葡萄酒当成手工艺品来对待，而是把它当作能够赚钱的商品，他们一直想着往外多卖葡萄酒，可以多挣钱。

这就导致皮埃蒙特当时的葡萄酒质量都不太好，因为当地人不重视提高葡萄酒的品质嘛，自然卖不上好价钱。面对这事，当地人是怎么做的呢？越卖不上价，他们越要提高产量，总觉得要靠着薄利多销这一条路取胜。结果就是，当地人可劲儿地种葡萄，也不知道用了什么方法，当时的葡萄树长得特别快，结的果特别多。但是葡萄一多，就把树枝都给坠下来了，导致葡萄距离地面特别近。

皮埃蒙特这里靠近阿尔卑斯山的大悬崖一侧，气候寒冷、

潮湿，葡萄距离地面越近，就越容易受到地表潮湿因素的影响，也就越长越烂，酿出的葡萄酒肯定也是越来越难喝，就更卖不上好价钱了。结果是葡萄酒越卖不上价，当地人就越要提高产量，而产量越高，质量越差，葡萄酒价格就越低，就这样形成了恶性循环。

当地人正在为这事发愁的时候，巴蒂尼来了。他来了之后，先是一看，觉得皮埃蒙特这地方的风土条件不错，在这儿种葡萄酿酒应该会有不错的发展，但是再一看，当地那些葡萄种得叫什么玩意儿呀！所以他一来先给当地人上了一课，告诉当地人种葡萄是个技术活儿，在技术、产量等方面都有非常严格的要求，他们现在这么搞那纯粹叫瞎胡闹。然后，他就开始改良当地的葡萄种植技术。首先，他决定遵从心急吃不了热豆腐的原则——减产，让葡萄树自然生长。这样一来，葡萄树上结的果少了，树枝就不会往下坠了，果实就能够远离地面，不会受到潮湿因素的影响了。其次，巴蒂尼引进了利古里亚人之前使用过的技术——高培形（Tall Posts），就是在葡萄树的树枝上绑一些支架，将坠落的树枝撑起来，并且在土里面加入一些养分，这样能让葡萄树更好地往上长。葡萄树往上长，就能够见到阳光了，虽说葡萄产量少了，但是质量有了大幅提高。再加上皮埃蒙特本身得天独厚的地理条件，这一下子就让这里的葡萄来了个“咸鱼大翻身”。没过多少年，世人都对这里的葡萄刮目

相看。

就这样，当地人被巴蒂尼带着才恍然大悟，闹了半天，自己之前都搞错了，种葡萄不能一味地追求产量，质量更重要，当地人当时有一种拨云见日的感觉。在当地，经过巴蒂尼的方法改良之后，长得最好的一种葡萄被命名为莫斯卡托（Moscato），它在意大利语中有“原来如此”的意思，表示当地人恍然大悟。

后来，到了15世纪中期，这个莫斯卡托葡萄在当地的一个叫阿斯蒂（Asti）的小镇里面被人用传统香槟酿制法给酿成了起泡酒，这就是意大利今天著名的起泡葡萄酒、被世人称作“小香槟”的莫斯卡托阿斯蒂（Moscato d'Asti）。

起泡酒在酿造的时候都会有二次发酵的过程，这是为了产生气泡，传统香槟酿制法就是指二次发酵是在瓶中进行的，而非传统香槟酿制法就是二次发酵是在发酵罐中进行的。

这款起泡酒因为价格便宜，在欧洲也算是盛极一时。但是到了15世纪中后期，大航海时代的发展使整个意大利的葡萄酒行业受到了严重的冲击，当地人觉得不能光靠这个

“小香槟”过日子呀，得琢磨出点儿新花样才行。

这次的新花样是怎么来的呢？当时，在皮埃蒙特大区有一位政府办公人员，他年轻的时候在法国的勃艮第待过几年，对于那地方种植黑皮诺的技术非常熟悉，再加上皮埃蒙特这里的风土条件确实不错，所以他把从勃艮第学到的那套种黑皮诺的技术给挪过来了。别说，还真让他捣鼓出了点儿东西。虽然皮埃蒙特气候寒冷、潮湿，但是勃艮第那边也不暖和，而且这俩地方都是大陆性气候，差不了太多。没过几年，当地人利用勃艮第培育黑皮诺的方式研究出了一个新的葡萄品种。但是，由于当地气候比较冷，温度低，因此这种葡萄熟得慢，等到采收的时候，通常已经是年底了。年底的时候，山脚下是最容易起雾的，所以这种葡萄在成熟的时候，葡萄皮上面会有一层薄薄的霜。当地人就根据采收时期起雾和葡萄皮上面起的这一层霜将这种葡萄命名为“雾葡萄”，而“雾”在意大利语中为“nebbia”，后来这种葡萄就被当地人改叫内比奥罗（Nebbiolo）。

一直以来，内比奥罗葡萄被誉为“意大利的黑皮诺”，两者的葡萄皮颜色都不深，酸度都很高，有着非常相似的香气，兼有玫瑰、樱桃的芳香和蘑菇般的复杂性，香气细腻且富于变化。内比奥罗除了个头大点儿，其实和黑皮诺没有什么太大的差别，很多用内比奥罗酿造的葡萄酒经过 6 年的陈年后和黑皮诺葡萄酒陈年之后的味道几乎一模一样。在颜色方面，用内比奥罗所酿制的葡萄酒比较容易带有黄色调，而用黑皮诺所酿制的葡萄酒属于黑色调。因为内比奥罗的皮很薄，所以酿出来的葡萄酒颜色非常浅，再加上其葡萄肉是白的，那酿出来的葡萄酒自然是上不了什么色的。

但是，这种葡萄由于是在比较冷的地区生长的，所以皮很硬，就好比大冬天时拿一杯水出去，水一会儿就结冰了，变得硬邦邦的。这种硬皮葡萄的最大优势就是抗病虫害的能力非常强，皮那么硬，害虫钻不进去。陈年后的黑皮诺葡萄酒有着更多的果香，而内比奥罗葡萄酒更多是老酒的香气和味道，例如有焦糖、皮革、蘑菇等香气。

两种葡萄的对比

	内比奥罗	黑皮诺
颜色	浅黄色	浅黑色
酸度	高	高
个头	大	小
葡萄皮	薄	薄
单宁	高	低
酒体	重	轻

在 15 世纪的时候，当地还颁布过这么一条法令，意思是内比奥罗葡萄是个宝贝，要是有人敢随意砍伐，那就等着受法律的制裁吧！情节严重的要处以金额非常大的罚款，情节特别严重的要直接拉出去砍掉右手。

这种跟黑皮诺很像的“雾葡萄”，不光是风味特征，就连难伺候的程度也差不多。这个内比奥罗是发芽早、采收晚，采收季节差不多在年底。正是因为这东西发芽比较早，所以葡萄园的选址就非常重要，一定要避开那些在春天有霜冻的地区。皮埃蒙特在阿尔卑斯山的阴面，一年之中没几天是有阳光的，要说在这种地方找春天没有霜冻的地方，那得多难呀?

而且内比奥罗对于光照和土壤的要求也很高，为了能够积累糖分、凝聚风味，以达到满意的成熟度，它需要非常充足的阳光，所以最佳的种植地段就是向阳的葡萄园。在皮埃蒙特，最优质的葡萄园基本上位于海拔 250~400 米的山上，这样才能保证葡萄树接收到充足的阳光照射。

通常来讲，用内比奥罗酿成的葡萄酒，在年轻的时候会有一些类似红樱桃、玫瑰花的香气，单宁比较重，经过陈年的高品质内比奥罗葡萄酒还会有一些香料、皮革的香气。这种葡萄酿成的葡萄酒，陈年能力非常强，15 年基本上不是什么问题。

皮埃蒙特产区种植的红葡萄品种较多，而且几乎都是意大利的本土葡萄品种，其中，内比奥罗葡萄在整个意大利都是非常有影响力的，其次就是巴贝拉（Barbera），它在皮埃蒙特是种植最广泛的红葡萄品种。这种葡萄和内比奥罗正好相反，最大的特点就是没那么多事，适应性极强，在很多类型的土壤中都能养得活，“巴贝拉”这个词在意大利语中本身就是自由的意思。使用巴贝拉酿造的葡萄酒颜色是深红的，充满黑樱桃、茴香和干草的气息。巴贝拉葡萄酒是一种亲民的红葡萄酒，其风格各异，风味说不上浓郁，但酒体十分强健，能够搭配任何食物。

生产巴贝拉葡萄酒的，有且仅有两个DOCG子产区——巴贝拉阿斯蒂（Barbera d'Asti）和超级蒙菲拉托巴贝拉（Barbera del Monferrato Superiore）。这两个保证法定产区规定主要用巴贝拉酿造红葡萄酒，配比至少要达到85%，酒精度至少要达到11.5度，并且在葡萄收成的下一个年度的3月之前不允许销售。如果酒标上有“Superiore”，则要求该葡萄酒至少陈年12个月，其中需在橡木桶中陈年6个月。

当地还有种不错的葡萄名叫多姿桃（Dolcetto），在意大利语中的意思是小甜点，不过这种葡萄的味道可一点儿也不甜，个头也并不小。多姿桃葡萄酒颜色暗红，充满黑莓、甘草和柏油味，其高单宁、低酸度的特点也让其并不以陈年潜力见长。目前，皮埃蒙特的酒商们正尝试着酿造单宁更低而果味更加馥郁的多姿桃葡萄酒。

多姿桃葡萄酒拥有3个DOCG子产区——多利亚尼（Dogliani）、超级奥瓦达多姿桃（Dolcetto di Ovada Superiore）和阿尔巴迪亚诺多姿桃（Dolcetto di Diano d'Alba）。另外，带有“Vigna”字样的多姿桃葡萄酒，表明该酒经过了20个月的陈年。

在整个皮埃蒙特产区，最优秀的葡萄酒几乎都产自山脉之间，即靠近阿尔卑斯山的地方，因为那里气候比较凉爽。皮埃蒙特本身就是内陆型产区，不太会受到地中海那股子热风的影响，而且在山区那种地方，昼夜温差都比较大。正因为这样的条件，所以当地的葡萄较少受到高温的影响。这里的气候这么冷，出产的葡萄酒势必会比较酸，而酸味的葡萄酒肯定会符合意大利人的口味。

再说说这地方的土壤，那可是条件非常优越。皮埃蒙特这里，在 3 000 万年以前就是一片海，地壳运动发生以后，陆地上升了，这就使得这里的土壤层中营养非常丰富。再加上意大利本身就是多山的国家，国内几乎所有产区都会有石灰岩、火山岩这类土壤，皮埃蒙特也不例外。

最后，引用一句葡萄酒大师杰西斯·罗宾逊形容皮埃蒙特的话："一座老砖砌成的酒窖，一个贴着高贵酒标的酒瓶，一道风味十足的菜肴和一杯美酒，一排排挂满果实的葡萄树……这就是对意大利皮埃蒙特大区最美好的诠释。"

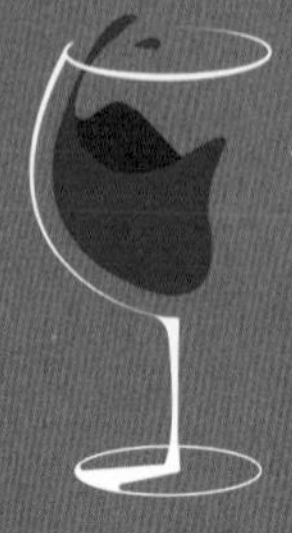

Piemonte 皮埃蒙特的巴罗洛

内比奥罗这种葡萄是在 15 世纪末期被培育出来的，前文说到它和法国勃艮第的黑皮诺特性十分相似，但是刚刚被培育出来的时候，内比奥罗酿成的葡萄酒跟人家黑皮诺酿的肯定比不了，毕竟在勃艮第那片，什么罗曼尼·康帝、拉塔希可早就出现了。

皮埃蒙特的内比奥罗当时刚刚出炉，只能算个“新兵”，再加上当地人对于酿造葡萄酒还没什么经验，所以在之后的 100 多年里，内比奥罗这种葡萄，在当地一直没有什么经典的葡萄酒被酿造出来。一直到 16 世纪末，内比奥罗遇到一位贵人，算是救了它了。

当时，在皮埃蒙特有这么一位贵族，他早实现财富自由了，就琢磨着能为家乡人民做点儿什么。他也知道，整个皮埃蒙特大区正为了用内比奥罗葡萄酿酒的事情头疼呢，正好，他认识法国

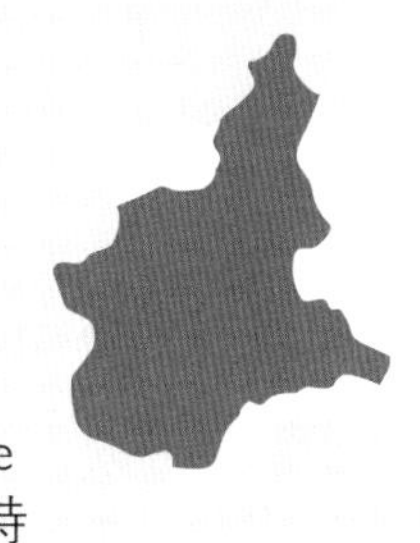

Piemonte
皮埃蒙特

勃艮第的一位不错的酿酒师，名字叫路易斯，他便把这位路易斯同志从大老远的勃艮第给请到皮埃蒙特了。

路易斯来了之后，确实不负众望，充分发扬中世纪欧洲的那种工匠精神，精雕细琢，经过三十几年的努力，终于用当地的内比奥罗酿造出了一款经典美酒。后来，皮埃蒙特人都非常感激他，就把路易斯酿出的这款酒以他的名字来命名。这位路易斯先生的全名叫什么呢？路易斯·乌帕·巴罗洛，估计大家也能猜到酒的名字了，就是意大利现在的著名酒款——巴罗洛。所以你现在知道为什么巴罗洛葡萄酒那么贵，因为人家用的葡萄以及酿酒的技术风格，那和勃艮第的那些“土豪款”可都是差不多的。更重要的是，巴罗洛这款酒也是历经三十几年的精雕细琢才酿出来的。

最早的巴罗洛其实是一款甜葡萄酒，这是因为内比奥罗是在年底采收，到了 11 月和 12 月，皮埃蒙特可太冷了，这意味着采收时气温将稳步下降，而 16~17 世纪那时候，意大利的很多酿酒工厂是露天的。而葡萄酒发酵这种事，首先对于温度的要求就很高，但是当地的气候太冷，导致很多地方的葡萄酒发酵到一半就停止了。这一停止发酵，葡萄酒中就会保留很多糖分。这款当时的甜葡萄酒，现在这么一听倒好像是个半成品，毕竟没发酵完就给拿出来了，那可不是半成品吗?

但是，这个半成品，当时还真就特招那么一个人的稀罕，谁呀? 就是凡尔赛宫门口骑马的那位——法国国王路易十四。估计这哥们儿是个“甜酒控”，在他眼里，世界上只有两款酒，一款是被他称作“酒中之王”的匈牙利托卡伊（Tokaji）葡萄酒，另外一款就是被他称作“王者之酒”的巴罗洛葡萄酒。当然，很多人都不太明白，路易十四身为法国人，为什么不推崇自己国家的葡萄酒，反倒对其他国家的东西这么感兴趣?

这种没有发酵完全的巴罗洛甜酒，我们姑且称为“巴罗洛1.0”吧。在路易十四过世之后，它也就无人问津了，当地人一看，不能因为路易十四死了，咱这个酒的招牌就砸了呀，还

得想辙，得接着变。所以，又经过了百年的精雕细琢，到了18世纪，当地人使用一种分离式发酵的方法酿葡萄酒。说白了，就是想办法提高发酵罐的温度，并且让它和外界的冷空气完全隔绝，这样基本上就能使葡萄里面的糖分被完全分解，这就出了“巴罗洛2.0”，就是我们现在看到的巴罗洛葡萄酒。

现在的巴罗洛葡萄酒是使用100%的内比奥罗葡萄酿造的，而且因为这个产区的地理位置偏北，气候比较冷，葡萄不太容易成熟，所以这里对于种植此种葡萄树的海拔高度有非常严格的要求，必须在170~540米。海拔高度太低了，阳光照射不到；海拔高度太高了，光线会过足，而且容易受到阿尔卑斯山的大风影响。就跟平时住楼房似的，在低楼层，冬天容易冷，但是楼层太高的话，你是不是总会听到窗户外面在刮风？

同时，内比奥罗这种葡萄对于产量和成熟的时间也有非常严格的要求，所以这个新款的巴罗洛葡萄酒还真不是那么容易酿造的。就现在，在皮埃蒙特产区，对于普通的巴罗洛葡萄酒来说，每公顷的葡萄产量不能高于8 000千克，葡萄酒的产量不能高于5 600升。这款酒酿造好了之后，还至少需要3年的陈年时间，

其中至少需要在橡木桶中陈年18个月。

皮埃蒙特这里气候偏凉，即便是这样，巴罗洛葡萄酒的酒精度也不能低于12.5度。对于珍藏级的巴罗洛葡萄酒来说，除了刚才规定的葡萄产量和葡萄酒产量，还要至少经过5年的陈年，其中至少需要在橡木桶中陈年18个月，酒精度同样不能低于12.5度。如果酒标上面标明了葡萄园名称的话，则表明这款酒的酒精度不能低于13度。

说起来，这款巴罗洛葡萄酒在1980年的时候还在当地闹出过点小小的争斗，争斗双方就是所谓的传统派和革新派。传统派的巴罗洛葡萄酒是需要在大型的橡木桶里面酿造的，光浸皮的时间就长达两个月，就是为了释放出更多单宁和色泽。内比奥罗葡萄的肉是白色的，得让它和葡萄皮在一起多泡会儿才能上色，并且葡萄酒里面的单宁几乎全来自葡萄皮，所以浸皮时间越长，葡萄酒的单宁就越重。此外，为了能够让巴罗洛葡萄酒体现出当地的一些风土特征，酿酒师们也会控制酿造温度。这样一来，传统派酿造的巴罗洛葡萄酒单宁会比较重，酒体会比较轻，酸度也非常高。

一直到1980年，当地受到了澳大利亚和美国那种国际化风格的影响，出现了革新派。所谓的国际化风格就是葡萄酒颜色很深、果香突出、单宁柔和，然后用法国的小橡木桶进行陈年，并且使用一些高科技手段，比如用一些旋转式的发酵槽来代替传统的发酵罐，这样能够把发酵周期缩短一半以上。

关于旋转式发酵槽和传统发酵罐的区别，举个形象点儿的例子，就跟平时炒菜似的，要是光把菜放在锅里面不管，菜肯定是熟不了的，得一边翻着一边炒，这样菜才熟得快。旋转式发酵也是采用了这个原理。当时，巴罗洛地区的一些酒庄受到了国际化风格的影响，把发酵周期缩短了，并且把葡萄酒放到法国小橡木桶里面陈年 1~2 年，有效地使单宁变柔和，葡萄酒的口感更柔顺，更容易被人接受。但是，革新派并没有完全取代传统派，就目前为止，很多酒庄算是介于传统派和革新派之间。

在 19 世纪末，被根瘤蚜虫害一闹，法国和意大利这两个国家的葡萄酒产业几乎是全军覆没，皮埃蒙特受的影响也不小，本地的葡萄树都死得差不多了。当地人一看，说这不行呀，咱不能因为这点儿事就不酿酒了吧？可是想继续酿酒的话该怎么办呢？琢磨来，琢磨去，当地人就想到了位于皮埃蒙特东北部的一个地方。那地方的风土条件和这些酿制巴罗洛葡萄酒酒庄的条件差不多，也出产内比奥罗葡萄，当地人一看，决定就这儿吧。就这样，当地人一边恢复着巴罗洛葡萄酒原产区的元气，一边在这个新地方开辟新的酿酒模式。新地方的葡萄酒发展起来之后，人们就琢磨着，该给这新产品起个啥名字呀？

因为这款新葡萄酒和巴罗洛葡萄酒非常相似，也是使用内比奥罗葡萄酿造，几乎就是巴罗洛葡萄酒的衍生品，所以当地人最后将其命名为巴巴莱斯科。

巴巴莱斯科（Barbaresco）= 巴罗洛（Barolo）+ 衍生品（Resco）

这个巴巴莱斯科葡萄酒，现在可以说就是巴罗洛葡萄酒的“兄弟”，也是由100%的内比奥罗葡萄酿造的，也要满足一定的陈年和产量的要求。巴巴莱斯科葡萄酒的产量要求和巴罗洛葡萄酒一样，也是每公顷的葡萄产量不能高于 8 000 千克。普通的巴巴莱斯科葡萄酒至少需要经过两年的陈年，其中至少需在橡木桶中陈年 9 个月；珍藏级的巴巴莱斯科葡萄酒至少需要 4 年的陈年，其中也是至少需在橡木桶中陈年 9 个月，酒精度不得低于 12 度。如果酒标上面标注了单一的葡萄园，那么要求更高，即葡萄产量每公顷不得高于 7 200 千克，酒精度不能低于 12.5 度。

从酒款的风格来说，巴巴莱斯科葡萄酒呈现宝石红或者石榴红的颜色，香气也是以果香为主，陈年之后，还会出现一些烧烤和皮革的味道。相较于巴罗洛葡萄酒，巴巴莱斯科葡萄酒的单宁含量低一些，颜色也更浅，香气也没有那么丰富。这主要是因为这地方的昼夜温差相对比较小，所以葡萄成熟得比较快，没有时间去积累香气物质和糖分。

现在，巴罗洛和巴巴莱斯科是兄弟产区。到 1980 年，皮埃蒙特产区作为一个整体被提升到DOCG等级。

如果说皮埃蒙特是意大利西北部的一顶皇冠，那么巴罗洛葡萄酒和巴巴莱斯科葡萄酒无疑是这顶皇冠上最闪耀的明珠。

随着这两个酒款品牌在国际上的声誉越来越高，更多酒庄注意到了内比奥罗的潜力，越来越多的内比奥罗被种植在这一葡萄酒产区。但是在皮埃蒙特产区，这两款酒的年产量可并不高，它们俩加一块儿，也不过占整个皮埃蒙特葡萄酒年产量的 5% 左右。

在皮埃蒙特北边还有个著名的子产区，叫作嘉维（Gavi）。嘉维是一个小镇的名字，这个地方形成于热那亚共和国时期，当时利古里亚的一帮富商在这里定居、种葡萄。这里主要的葡萄品种是柯蒂斯（Cortese），它在意大利语中是优雅、细腻的意思。诞生于中世纪的嘉维葡萄酒全部由柯蒂斯葡萄酿造，类型多样，比如静止酒、起泡酒、半起泡酒等。

2011 年，嘉维子产区的部分酒庄开始生产存酿（Riserva）系列嘉维葡萄酒，其特点是口感清新活泼，也适合陈年，经过橡木桶陈年以及瓶中陈年的嘉维葡萄酒会更加复杂、迷人。嘉维存酿系列葡萄酒要在葡萄采摘后的 2~3 年才可以上市，即使是该产区不生产嘉维存酿系列葡萄酒的酒庄，其酿造的葡萄酒也需要经过规定时间的发酵才可上市。不陈年的嘉维葡萄酒通常在采摘后 1~2 年上市，口感会更好。

Piemonte 皮埃蒙特的巴贝拉

这些年，关于皮埃蒙特产区的葡萄酒介绍那可真到处都是，当然，更多人想到的基本就是巴罗洛子产区、巴巴莱斯科子产区。但是，皮埃蒙特最著名的子产区是哪里？在皮埃蒙特的子产区当中，最著名的有两个，分别是朗格（Langhe）和蒙菲拉托（Monferrato）。

先来说说这个朗格子产区。朗格其实是一座山的名字，这座山算是阿尔卑斯山的余脉。朗格这个名字，源自拉丁文中的“舌头”，因为皮埃蒙特这里的山呈长条状向意大利东部延伸，故而被当地人称为舌头。

巴罗洛子产区和巴巴莱斯科子产区都位于朗格山脉，这座山说起来不大，但显著特点就是，不同位置的土壤孕育出的葡萄及酿造而成的葡萄酒的品质截然不同。

皮埃蒙特这地方，现在看着是挺不错的，

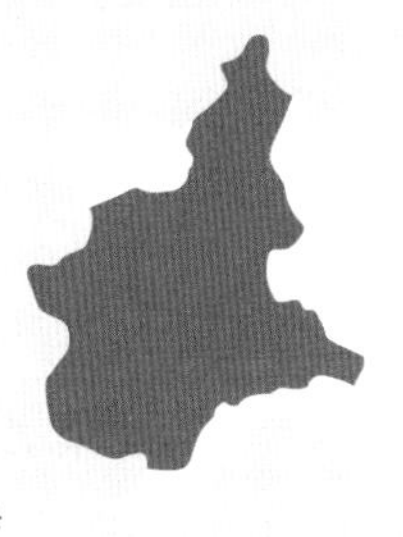

Piemonte

皮埃蒙特

但是在历史上，就是指在人类诞生之前，这地方可真是个“是非之地”。那个地形、地貌，真是隔三岔五地就给你变变花样看。还记得我在前文提到过的意大利中生代时期的地壳运动吗？那次地壳主要是自西往东移动，那么在皮埃蒙特这边，这么一动，西边被“撕”出来一条河，东边被“挤”出来一座山。那条河叫作塔纳洛河，那座山叫作朗格山。

大约在 3 000 万年以前，皮埃蒙特这里还是一片海，地壳发生变化以后，陆地上升了，但是上升的时候，陆地并没有一下子升得多高，而是先变成了盆地，这就是皮埃蒙特第三纪盆地。后来，这里慢慢地被风化，刮来好多土和石头一类的东西，逐渐把这个盆地给填平了。再后来，海水又漫上来了，等于之前那么多年都白忙活了。海水漫上来之后，不知过了多少年，海水又被蒸发掉了，这地方就又成陆地了。就这么几通折腾下来，用了 2 800 万年，这里才算是稳定下来。

沧海变桑田，此处下沉陆地最终浮出水面，原先的海洋不复存在，再加上后来地壳发生变化，从而形成了如今的朗格山脉。这还不算完，山是形成了，但是这个地壳运动还没结束。在往后的几十万年间，朗格山脉那是地震不断，并且只要一发生地震，原先位于山顶的那些岩石、土壤就会因为地表的侵蚀而逐渐往山脚下移动，就这样影响了山脚下的地区。

这就是同一座山脉不同位置的土壤孕育出的葡萄及酿造而成的葡萄酒品质不同的原因。总结起来就是，这地方先是被海水淹没，然后陆地上升，之后陆地又被淹没，接着陆地又上升，几通折腾下来，当地积攒了很多矿物质土壤、营养成分等，但是这些好东西都藏在山里头。后来发生地震，好东西全都从山里面被震出来了，到处都是，这就形成了当地非常好的土壤条件。当然，除此以外，种植葡萄所处的海拔及朝向也很重要。

另外一个促成朗格山脉发生如此变化的重要因素发生在6 000多年前——朗格地区最重要的河流塔纳洛河的流向变了，流向从北转为东，终点就是阿斯蒂小镇。

朗格山脉本身是南北方向纵穿皮埃蒙特的，塔纳洛河的流向几乎就是顺着这座山的，但是突然间这么一改方向，就导致朗格山脉的北部出现了很严重的水土流失，即便到现在也是这样，所以朗格山脉的许多果农会通过在葡萄园里种草来缓解这一问题。因为草的含水量高，而且皮埃蒙特这地方很潮湿，使得草本身能够产生更多水分，同时葡萄树的树根为了和草抢夺土壤里面的养分，会使劲往地下扎，它扎得越深，所处土壤越湿润，获得的水分也就越多。

从酿酒的角度来说，朗格山的土壤和地质早在2 000多年前就已经名声大噪。从19世纪末开始，当地的一些专家开始根据当地地质及土壤的特点来区分不同的地块，甚至效仿法国勃艮第为具备相同特质的地块单独命名，以示区别。

法国的勃艮第就是根据地块特质来划分的，而不像波尔多是根据酒庄来划分的。波尔多的酒庄，我们知道不少，比如拉菲、玛歌之类，但是大家能说出来几个勃艮第的酒庄？提起勃艮第，大家首先想到的肯定是那些地块，如夏布利、伯恩丘。皮埃蒙特也效仿了勃艮第，勃艮第每一片特殊的葡萄园被称为Cru，而皮埃蒙特的葡萄园被称为Bricco或者Sori，每一片葡萄园都有自己的名称。当地的葡萄农通常会把各个特殊葡萄园生产的葡萄分开酿造，但有时候也会混在一起装瓶，以增加风味。

皮埃蒙特产区的土壤可以分为三种类型：第一种类型主要分布在朗格山脉的西部，以石灰质土壤和沙石为主。因为那地方距离塔纳洛河很近，所以河边泥土比较多，这种类型的土壤出产味道均衡的红葡萄酒。第二种类型主要分布在朗格山脉的东部和北部，地形比较崎岖，土壤也更加贫瘠，有比较多的矿物质土壤。因为这里缺水，所以温度相较山脉西部来说有点儿高，所以这里出产的葡萄酒味道相对比较浓烈、强劲，是最浓厚、最"结实"的皮埃蒙特红葡萄酒。第三种类型主要分布在朗格山脉的南部，以砾石为主。

这三种土壤对于朗格山脉的葡萄酒来说，是至关重要的，是葡萄藤生长的根基，是每一瓶葡萄酒的起源。

朗格地区的土壤属于"不完全发展"类型，原因就是在其形成过程中，岩石长期受到风化及侵蚀，被侵蚀的部分向下流动，使得原先的表层土壤不断被覆盖，这在很大程度上阻碍了原先土壤的演变。如果土壤没有得到完全的发展和进化，那么土壤中会含有大量岩石的颗粒物。

下面再来说说皮埃蒙特的另一个子产区——蒙菲拉托，这是一个以石灰质土壤为主的丘陵地区，此处最著名的就是那个阿斯蒂起泡酒。这种起泡酒是世界上除了香槟以外最有名的起泡酒，采用香味独特的白莫斯卡托葡萄酿成，具有明显的玫瑰、荔枝等香气，通常酿制成甜型或者半甜型，人们一般是趁着酒龄短的时候喝，味道非常香。

阿斯蒂起泡酒总体分为两个类型：一个类型是阿斯蒂阿普芒特（Asti Spumante），这个类型的起泡酒气泡比较多，甜味稍淡，酒精度稍高；另外一个类型是莫斯卡托阿斯蒂，这种酒的气泡比较少，酒精度很低，通常不到6度，甜味比较浓，目前算得上是世界上最可口的甜起泡酒，有非常新鲜的果香味，非常适合搭配饭后甜点或者水果。

阿斯蒂小镇的红葡萄酒主要是以巴贝拉葡萄为主酿造的巴贝拉阿斯蒂葡萄酒，是DOCG级。这种葡萄酒颜色较深、酒体轻盈、口感饱满、香味丰富。就像大多数酒体轻盈的葡萄酒一样，巴贝拉阿斯蒂葡萄酒也带有明显的草莓和酸樱桃香气，其单宁含量低、酸度高，十分易饮。

巴贝拉葡萄的种植面积较为广泛，且产量高，所酿制的葡萄酒风格多到让人困惑，既包括年轻且价格低廉的起泡酒，也包括强劲、浓郁、高价且需要长时间窖藏的干红葡萄酒，因此被称为皮埃蒙特的“大众葡萄”。巴贝拉葡萄酿造的葡萄酒有一些共同点：产量高，颜色深，酒体丰满，单宁含量低，酸味明显。

巴贝拉阿斯蒂葡萄酒是意大利最负盛名的巴贝拉葡萄酒，允许混酿15%的弗雷伊萨（Freisa）或格丽尼奥里诺（Grignolino）或多姿桃，每公顷的最大葡萄酒产量为6 300

升，其通常是用橡木桶陈年，酒色较深，带有樱桃等香气，酒体饱满，结构紧致、厚实，层次变化丰富，陈年后口感变得柔滑、细腻。

在皮埃蒙特还有 3 个子产区，近些年来也在不断地提升实力，一个是加蒂纳拉（Gattinara）子产区，位于皮埃蒙特东北部，是皮埃蒙特最冷凉的子产区之一，从阿尔卑斯山脉吹过来的冷风直接影响着这里的气候，所以在这里种植内比奥罗葡萄也成了一种挑战。由于冷凉，种植的内比奥罗酸度较高，因此常在葡萄酒中添加维斯琳娜（Vespolina）或纳瓦雷斯伯纳达（Bonarda Novarese）葡萄来降低其酸度，加蒂纳拉子产区规定可以在内比奥罗中添加大概 10% 的其他品种来中和味道。

加蒂纳拉子产区的葡萄酒历史悠久且品质上乘，在 1990 年获得DOCG等级认证。加蒂纳拉葡萄酒在好的年份时，会散发出迷人的紫罗兰、烤杏仁和干玫瑰等香味，也有焦油的味道，单宁饱满、结构强劲，同时有几分属于女性的妩媚和柔美，颜色偏重于橘红色，但是因为位置偏北，不如南方那些地区的葡萄酒口感浓郁、香气持久。它与巴罗洛子产区和巴巴莱斯科子产区相比，更具自己独特的风格。

另外一个子产区是盖姆梅（Ghemme），于 1997 年获得DOCG等级认证，该子产区面积非常小，仅为 85 公顷。盖姆梅葡萄酒要求必须用 75% 以上的内比奥罗酿造，可混合 25% 的维斯琳娜或纳瓦雷斯伯纳达，同时需陈年 36 个月以上才能上市，其中橡木桶陈年至少需 20 个月，瓶中陈年至少需 9 个月。珍藏级的盖姆梅葡萄酒的酒精度至少为 12.5 度，需陈年 48 个月以上才能上市，其中橡木桶陈年至少需 24 个月，瓶中陈年至少需 9 个月。盖姆梅葡萄酒是干型，与巴罗洛葡萄酒类似，以高单宁和高酸度著称，常带有香料、甘草和皮革等风味，酒体雄壮有力，陈年潜力强，有些可长达 30 年。

最后一个子产区是罗埃罗（Roero），于 2004 年获得 DOCG 等级认证，这也是除巴罗洛子产区和巴巴莱斯科子产区外，另一个内比奥罗葡萄酒 DOCG 产区。罗埃罗葡萄酒通常用 95%~100% 的内比奥罗酿造而成，剩下的则用当地的非芳香型葡萄进行混酿，需陈年 18 个月才能上市。罗埃罗葡萄酒通常带有黑色水果、樱桃和烟草等风味，单宁强劲，酒体中等，陈年潜力不如巴罗洛葡萄酒和巴巴莱斯科葡萄酒。由于内比奥罗的成熟过程柔和而缓慢，葡萄苗栽种后需至少等待 5 年才会结果，种植 10 年后结的果实才算是精品，所以年轻的罗埃罗葡萄酒单宁高、香气封闭，并不适合饮用，通常好的罗埃罗葡萄酒需要陈年 10~15 年，甚至更久。

小结

一、 皮埃蒙特概述

1. 名称的由来：Piemonte（皮埃蒙特）= Pie(脚)+Monte（山），因为位于阿尔卑斯山脚下。
2. 气候寒冷、潮湿，远离海岸线，属于大陆性气候，昼夜温差比较大，是种植葡萄的理想之地。
3. 产区内多山，葡萄园大多种植在向阳的山坡上。

二、 皮埃蒙特著名的葡萄品种

1. 莫斯卡托，该品种味道香甜，主要用于酿造果味清新的起泡酒。
2. 内比奥罗，意大利的国宝级葡萄之一，通常在年末采收（属晚熟型），陈年潜力在 15 年以上。
3. 巴贝拉，颜色深红，所酿制的酒充满黑樱桃、茴香和干草的气息，酒体十分强健，适合搭配任何食物。
4. 多姿桃，个头大，颜色暗红，充满黑莓、甘草和柏油的风味，高单宁、低酸度的特点也让其并不以陈年潜力见长。

三、 皮埃蒙特葡萄酒代表及特点

1. 莫斯卡托阿斯蒂起泡葡萄酒

   特点：味道清甜，回味较短，适合年轻人饮用。

   饮用建议：冰镇 20~40 分钟后，开瓶即饮。

   识别标识：酒标上有明显的“Moscato d'Asti”字样。

2. 巴罗洛干红葡萄酒

   特点：单宁极强，酸度极高，有典型的寒带果香，年轻时味道极为苦涩，但是陈放 5 年后味道变化明显，陈年能力极强（在 15 年以上）。

   饮用建议：醒酒 60 分钟后，小杯饮用。

   识别标识：酒标上有明显的“Barolo”字样。

3. 巴巴莱斯科干红葡萄酒

   特点：同巴罗洛干红葡萄酒。

   饮用建议：同巴罗洛干红葡萄酒。

   识别标识：酒标上有明显的“Barbaresco”字样。

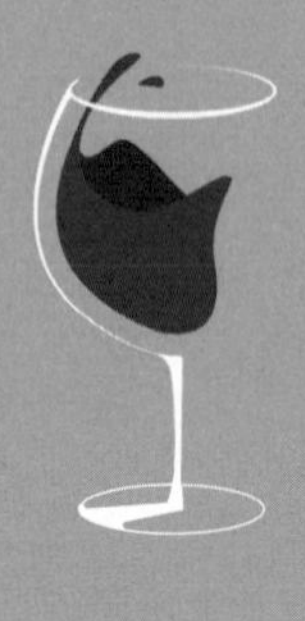

Valle d'Aosta & Trentino-Alto Adige

奥斯塔山谷的瓦莱达奥斯塔和特伦蒂诺-上阿迪杰的 Vino Santo

这一节，我来讲讲意大利北部的几个小地方。首先来说说奥斯塔山谷大区，也叫瓦莱达奥斯塔，“瓦莱”在意大利语中其实就是“Valle”（山谷）这个词的发音。这个小山谷，论产区面积，它是意大利最小的；论葡萄酒的产量和质量，南边有皮埃蒙特那个“大神”挡着呢，它也就算处于发展中。

奥斯塔山谷，曾经号称“将军之城”，名字是根据罗马帝国的一位非常有名的皇帝——奥古斯都而来。其实，这里最早不叫奥斯塔山谷，而叫萨尼尔省，因为最早在这里定居的是萨尼尔人。

在历史上，恺撒征服了法国之后，总是借着去巡视西线部队的借口往波尔多跑，目的不言而喻。那会儿，他把波尔多这地方的葡萄酒几车几车地往意大利运，这些葡萄酒被运回意大利以后，基本上就两种用途，大

部分卖给本国的一些商人，而一小部分精品，则是属于罗马宫廷的。

作为商品售卖的那一大部分葡萄酒，会运往皮埃蒙特就地分销，而作为精品的那一小部分葡萄酒，则被暂时存放在当时的萨尼尔省，就是奥斯塔山谷，等着罗马宫廷的人过来取。

恺撒大帝没事总从波尔多那地方往国内运酒，估计是不给钱的，那么时间长了，法国人心里肯定有意见，好歹也是威震一方的统治者，居然没事老跑来这儿搂草打兔子，这叫什么事？合着这儿的好东西都得紧着你来？这种意见在心里面日积月累之后，那能不出事吗？果然，在公元前 44 年，恺撒大帝遇刺身亡之后，法国本土那些供应葡萄酒的人立刻翻脸了。

恺撒大帝过世后，罗马帝国的继任者叫屋大维，继位过程很顺利，但是继位之后可是麻烦不断。一开始，这个屋大维是想团结恺撒大帝的旧部，因为新君上位，其他的不说，军队得首先掌握在自己手里。但是，他一个 20 岁不到的小伙子，那些将军、元帅怎么会轻易听他的呢？

当时，罗马帝国驻高卢行省的总督叫安东尼，这家伙就不服，恺撒活着的时候，他来法国白吃白拿，也不说给人家分点儿钱。因为恺撒大帝从法国这边搜刮的东西每次都是全运回意大利，一点儿都不给安东尼留，他心里就有想法了。

公元前 43 年 4 月，也就是恺撒大帝去世半年后，安东尼立刻带兵打入意大利，这明摆着就是来找事儿的。他这一进来，打了刚刚上位的屋大维一个措手不及，而且人家一路南下，直接快进抵达罗马城下。屋大维一看没办法，打不过怎么办？认㞞吧。

屋大维用了汉高祖刘邦对付匈奴的那招——和亲，把自己的妹妹嫁给了安东尼，双方总算是太平了几年。但就这位安东尼，也不是省油的灯，他怎么可能因为一个女人就放弃自己的远大目标呢？所以太平日子过了没几年，公元前 32 年，安东尼又跟他这位大舅哥打起来了。这次安东尼玩得更大，在打这一仗之前，他先把屋大维的妹妹休了，然后娶了埃及女王，想要联合埃及一起打罗马。

但是屋大维经过 10 多年的历练，羽翼已经丰满了，安东尼这时候想打，可就没那么容易了。就这一仗打得，说实话，那位埃及女王可能是本着"出嫁从夫"的原则，啥事都听安东尼的。她虽然身为女王，但在埃及的统治地位并不稳固，屋大维那个智商能看不出这个吗？

战争一开始，屋大维直接派了几个说客去埃及，三言两语就把当地的统治阶级给忽悠了，结果这位埃及女王成光杆司令了，埃及的军队根本就不听她的。然后，经过亚克兴角一战，屋大维重创了安东尼的军队，把他从意大利的中部地区一路往北撵，最后把安东尼给逼到了萨尼尔省这地方，双方在这里打了最后一仗。就这一仗打得，充分说明了什么叫作困兽犹斗。就在这一亩三分地上，双方打了很久，阵亡人数共计 8 万多。

最后，屋大维都杀红眼了，总打不下来是吧？只能豁出去了，放火烧！他这一把大火，把整个萨尼尔省烧成了一片焦土。

屋大维在萨尼尔省打的这一仗，干掉了他上位以来最强大的对手，巩固了自己的位置。紧跟着他就在萨尼尔省宣布，法国和埃及正式并入罗马帝国。这一下屋大维给帝国打下了多

大的一片疆土，之后罗马帝国的元老院给他起了个名字，叫作“奥古斯都”，就是神圣、伟大的意思。而萨尼尔省也跟着改名，叫作奥斯塔，其实就是奥古斯都的另一种叫法，因为这里的地形是山谷，所以最后这地方就叫作奥斯塔山谷。

恺撒大帝从波尔多准备运往罗马宫廷的葡萄酒为什么要放在这儿呢？安东尼被屋大维一路撵着，为什么能在这地方和对手打了很久才兵败呢？

这就得说说这个产区的地形特点了。给罗马宫廷的葡萄酒就等于“国有资产”，这东西不可能被直接扔在哪个广场上

吧？同理，要和比你强大得多的敌人周旋，你也不可能在大平原上吧？所以，通过这两件事，咱们就能分析出，这地方一定多山，而且交通不便。

这地方也位于阿尔卑斯山脚下，而阿尔卑斯山靠近意大利的这一侧以悬崖为主，所以奥斯塔山谷这地方大多是比较陡峭的山坡。就在这里，能种植葡萄的地方实在不多，酿造葡萄酒只能用两个词来形容，就是艰难和勇敢。这里的农夫们要是想种葡萄，必须艰难地行走在陡峭的山坡上，而且采摘葡萄时只能靠着几头勇敢的骡子来帮忙，因为大型机器在这么陡峭的山谷里几乎派不上任何用场。

再说说这地方的气候。奥斯塔山谷就挨着皮埃蒙特，也位于阿尔卑斯山脚下，气候自然也是寒冷、潮湿的。因为这里远离地中海，肯定也是大陆性气候，所以昼夜温差比较大。这个地方的地形是山谷，山谷的气候特点就是夏天很凉快，冬天更凉快。奥斯塔山谷的土壤和皮埃蒙特北部地区的很相似，因为缺水，所以土壤比较贫瘠，但含有较多矿物质。

因为挨着皮埃蒙特，所以奥斯塔山谷这里肯定也会有点儿内比奥罗葡萄和巴贝拉葡萄，除此之外，这里还有一些国际化葡萄品种，包括品丽珠、赤霞珠、黑皮诺、小胭脂红（Petit Rouge）和灰皮诺等。同样因为这里挨着皮埃蒙特，所以如果只出产内比奥罗和巴贝拉酿制的葡萄酒的话，一瓶也别想卖出去。

整个奥斯塔山谷，只有一个DOC子产区，以“瓦莱达奥斯塔”命名。在这一子产区内，根据不同的葡萄品种、不同的

特伦蒂诺-上阿迪杰
Trentino-Alto Adige

颜色，共有 25 款葡萄酒。另外，这个子产区的葡萄酒很少往外卖，几乎都是内销，所以要是想喝，还得亲自往这地方跑一趟。

下面再来说说另外一个大区，叫作特伦蒂诺-上阿迪杰。这个地方论面积，确实不小，但是这里的内容比较简单。相较之下，特伦蒂诺-上阿迪杰的葡萄酒的知名度完全不能和皮埃蒙特相比，即使是起泡酒，也完全不能和伦巴第相比，这里的最大优势在于产量。

特伦蒂诺-上阿迪杰可以说是意大利最北部的大区，北面与奥地利接壤，东面和南面毗邻威尼托，西面与伦巴第相接。有意思的是，奥斯塔山谷通行法语，特伦蒂诺-上阿迪杰通行的则是德语。原因很简单，第一次世界大战后，特伦蒂诺-上阿迪杰才划归意大利，在此之前它属于奥匈帝国。

在 14 世纪，这个特伦蒂诺-上阿迪杰就是哈布斯堡王朝的地盘，王朝覆灭以后，这地方一直属于奥匈帝国。一直到 19 世纪，拿破仑在这地方和反法同盟军打了一仗，赢了之后，这整个地区被他的傀儡——意大利王国吞并。后来，拿破仑兵败滑铁卢，这地方又被奥匈帝国收回去了。

一直到第一次世界大战期间，奥匈帝国军队与意大利军队的主要战争都发生在阿尔卑斯山附近。后来，奥匈帝国于战争中彻底溃败，意大利于 1918 年重新占领该地区。所以，这个特伦蒂诺-上阿迪杰，在历史上差不多有一半的时间是被说德语的人控制的——哈布斯堡王朝是德国的，奥地利人也说德语，这就导致这个地方，尤其是上阿迪杰那里，大部分人都会说德语。

意大利北部地区，绝大多数是阿尔卑斯山脉的山区，特伦蒂诺-上阿迪杰更是如此。这里有 13 000 多平方千米的面积，按理说不小了，但差不多一半是森林，而且这地方几乎在崇山峻岭的包围之中，这就能看出这里的气候条件——夏季凉爽，冬季寒冷。再加上阿尔卑斯山的多处山峰常年积雪，这就导致这地方主要以生产寒凉气候下的葡萄酒为主。

曾几何时，这里主要种植两种本土葡萄——勒格瑞（Lagrein）和司棋亚娃（Schiava），现在可不这样了。受现代人喜好的影响，也主要受北边奥地利和德国的影响，目前这里主要种植的葡萄品种为霞多丽和灰皮诺。

因为这地方是德语区，当地人对于德国、奥地利的那一套东西还是非常认可的，所以当地的葡萄酒也慢慢被这两个国家带偏了。也是这地方太冷，雷司令和琼瑶浆（Gewürztraminer）都种不好，不然的话，没准儿特伦蒂诺-上阿迪杰的人真敢把这俩品种也往家里挪。

但是，因为霞多丽、灰皮诺都是国际化葡萄品种，不符合意大利葡萄酒的分级制度规范，所以特伦蒂诺-上阿迪杰的葡萄酒一直以来绝大多数是IGT级，属于DOC级的不多，更没有DOCG级。

再来细说一下这里种植的葡萄品种，上阿迪杰这里60%的葡萄园种植的是白葡萄，主要为灰皮诺、霞多丽、白皮诺，种植面积约占葡萄总种植面积的70%。剩下40%的葡萄园种植的是红葡萄品种，包括司棋亚娃、黑皮诺、勒格瑞、梅洛、赤霞珠。总体上看，白葡萄品种在这里的表现非常强势，越来越多的葡萄园开始改种白葡萄品种。

南部的特伦蒂诺，地势相对平坦，葡萄园多位于群山环绕的谷地。这里虽说地处意大利北部，但因为阳光充裕和地中海的影响，葡萄依然可以很好地成熟。白葡萄依然是这里的主要种植品种，最重要的白葡萄品种为霞多丽，还有灰皮诺、白皮诺，红葡萄品种有赤霞珠、梅洛。这里不仅出品一些质量优秀的静止酒，而且生产使用传统香槟酿制法酿制的起泡酒。这里的葡萄酒生产主要由合作社控制，也就是所谓的酒商酒。一直以来，这地方所酿制的葡萄酒品质相对一般，但近些年来，随着国际市场的变化和葡萄栽培方式的转变，这里的葡萄酒生产商也在尝试通过降低产量、提高工艺等方式生产品质更高的白葡萄酒，以及口感更加浓郁的红葡萄酒。

特伦蒂诺首屈一指的葡萄酒是Vino Santo（神圣的葡萄酒），千万不要将这种葡萄酒与托斯卡纳的圣酒搞混。Vino Santo是将当地的风干葡萄做成甜酒，不像圣酒那么多产，不过仍是一种“上帝的恩赐”。

小结

奥斯塔山谷

一、 奥斯塔山谷概述

1. 原名萨尼尔省，由罗马帝国奥古斯都大帝的名字而来。
2. 地形以陡峭的山坡为主，能种植葡萄的地方很少。
3. 寒冷、潮湿，是大陆性气候，昼夜温差较大，夏季凉爽，冬季寒冷。
4. 只有一个DOC子产区，以“瓦莱达奥斯塔”命名，包括25款葡萄酒，产区内的葡萄酒很少往外卖，几乎都是内销。

二、 奥斯塔山谷著名的葡萄品种

内比奥罗、巴贝拉、品丽珠、赤霞珠、黑皮诺。

三、 奥斯塔山谷葡萄酒代表及特点

本地DOC级葡萄酒

特点：产量极少，几乎只用于产区内销。

建议：开瓶即饮，且尽量一次性喝完。

识别标识：酒标上有明显的“Valle d'Aosta DOC”字样。

特伦蒂诺 - 上阿迪杰

一、　特伦蒂诺 - 上阿迪杰概述

1. 这是意大利北部的德语区，属于阿尔卑斯山脉的山区。
2. 气候条件是夏季凉爽，冬季寒冷。
3. 这里的葡萄园海拔高度跨度较大，从 200 米到 1 000 米不等。

二、　特伦蒂诺 - 上阿迪杰著名的葡萄品种

这里曾经主要种植两种本土葡萄——勒格瑞和司棋亚娃，但目前主要种植的葡萄品种为霞多丽和灰皮诺。

三、　特伦蒂诺 - 上阿迪杰葡萄酒代表及特点

Vino Santo 葡萄酒

特点：由当地的风干葡萄酿制，产量不高。

饮用建议：冰镇 20~30 分钟后，配合甜品饮用。

识别标识：酒标上有“Vino Santo”字样。

Lombardia 伦巴第的超级瓦尔泰利纳

这一节来介绍一下意大利北部仅次于皮埃蒙特和威尼托的产区，叫伦巴第。这个产区的名字其实就是由早期居住在这里的伦巴德人（一称伦巴第人）而来的，伦巴德人起初的时候就是一群留着长胡子、长头发的人，组成了一个体格倍儿壮的野蛮人部落。

在讲艾米利亚–罗马涅产区的时候，我提到过一段故事，西罗马帝国被蛮族灭了，但是后来的东罗马帝国君主查士丁尼没过多久就从蛮族的手中把西罗马帝国给打了下来。江山是打下来了，但查士丁尼坐得住吗？

首先，打仗就得花很多钱，即使江山打下来也是一片废墟；其次，西罗马帝国最后的那个皇帝罗慕路斯·奥古斯都鲁的能力也一般。最要命的是，当时西欧地区闹了一场瘟疫，这就使得当时本就十分虚弱的西罗马帝国雪上加霜。当时西罗马帝国的很多地方都

变成无人区了，再加上国内经济一片萧条，在这种情况下，西罗马帝国的领土就是再大，那也是聋子的耳朵——摆设。

面对这种情况，外面得有多少人惦记这里的领土？当时尚属于日耳曼人的一支，位于奥地利、匈牙利一带的伦巴德人就对这里虎视眈眈了。

565 年，查士丁尼去世，等于罗马帝国的顶梁柱没了，这一下子可热闹了。意大利当时的局面就跟在超市里面买东西不要钱似的，一帮人进去疯抢，东哥特人、西班牙人、非洲人，也包括伦巴德人，一块儿往意大利打，而且打得非常顺利。

568 年，伦巴德人从东北部进入意大利，用了不到一年先把米兰占领了；571 年，伦巴德人顺势南下，把意大利的托斯卡纳和很多南方地区也给打下来了。但是好景不长，572 年，伦巴德王国的国王阿尔博音死了，这家伙也是特别惨。阿尔博音是两口子吵架的时候，被他老婆给一刀捅死的，这叫什么事儿呀？他死后，新上位的国王叫克莱夫。当时的伦巴德王国由于地盘太大，国内也是各方势力盘根错节，各地方的老大都在自己拉山头。克莱夫一看，再这么下去，他们该把我架空了，所以他试图限制各部落首领过于分散的占地行为。

但是，他这么干肯定得罪人，而且他的手段也太过急躁了，因为他是直接下命令削弱各方势力。比如说老张家的地盘原来是 10 000 平方千米，现在变成 6 000 平方千米；老李家的地盘原来是 8 000 平方千米，现在变成 2 000 平方千米，这么玩的话，不出事等什么呢？

克莱夫上位没多久，各方势力联合起兵叛乱，直接把他杀了。克莱夫死之后，伦巴德王国没有选出新的国王，而是各方势力各自为政。大家说得挺好，以后国内有什么事，大伙儿商量着来，其实呢，各方势力内讧不断，直接产生了非常大的内部消耗。而且，当时也不知道哪个部落那么不省心，自己国内的事还没处理完呢，居然又和北边的法兰克人打起来了，这等于给伦巴德王国增加了个敌人。这事让当时苟延残喘的罗马人看到了，有道是敌人的敌人就是朋友，罗马人立马联合法兰克人，要对付伦巴德人。但是，当时的伦巴德人是什么家底，罗马人又是什么家底？就算人家国内出现点儿状况，那也是瘦死的骆驼比马大。

当时，东罗马帝国派去的将领叫巴杜阿留斯，他带兵去和伦巴德人打仗。结果这一打，不过半年的时间，巴杜阿留斯就被伦巴德人干掉了，这一仗等于罗马人啥便宜没占到。北边的法兰克人也是占领了北部的几个山头之后不敢贸然向伦巴德王国进兵了，真的是打不过。

之后十几年，法兰克人不断忽悠其他部落对伦巴德人进行没完没了的骚扰，想要做到即使打不过也耗着你。直到584年，周边的部落挨个儿跟伦巴德人打了一架之后，法兰克人又亲自上了。伦巴德人一看，这一下双拳难敌四手，好狗架不住狼多，咱们不能跟他们这么没完没了地耗下去了，还是得选出一位国王来领导大家。这次伦巴德人倒是开窍了、明白了，要平息内部矛盾，枪口一致对外，所以就选了克莱夫之子奥塔里为新国王，应对战争。

奥塔里上任后，先是和法兰克人讲和，用金钱换取和平，然后通过一系列的政治联姻瓦解了法兰克人和罗马人的同盟关系，他自己就娶了法兰克国王的妹妹为妻。对于其他的外部部落，奥塔里也是该给钱的给钱，该嫁闺女的嫁闺女，该倒插门的倒插门，算是把局面稳住了。

与此同时，伦巴德人也明白了一个道理：不管遇到什么事，别一上来就抡胳膊动腿的，那是野蛮人干的事，想要治理国家，有时候也得用点儿手段，政治、经济、外交这些多少得掌握点儿。也就是从那会儿开始，伦巴德开始从一个野蛮部落向文明部落转变，也正是从那时开始，伦巴德人开始在他们占领的地区内部学习很多东西，其中自然就包括葡萄的种植和酿造技巧。

但是人在很多时候是记吃不记打的，尤其是这个奥塔里。他娶了法兰克国王的妹妹，那您倒是对自己媳妇儿好点儿呀，别的不说，起码人家的哥哥你惹不起吧？他呢，三天两头地为鸡毛蒜皮的事儿跟媳妇儿吵架，弄得人家姑娘最后受不了了，老往娘家跑。起初，法兰克国王还劝和，吵一两次还行，结果这姑娘隔三岔五地就跑回去，那娘家人就得打听打听是怎么回事了。

本来，这是个不太大的家庭矛盾，但是不巧被一些和伦巴德王国有仇的人知道了，那会是什么结果？当时东部的拉文纳人知道后，立刻派说客去找法兰克国王，激起了双方的矛盾。没多久，奥塔里两口子就离婚了，然后双方友谊的小船说翻就翻，这就直接导致了6世纪末期的一场针对伦巴德人的持续了将近100年的拉锯战。

这一场拉锯战先是拉文纳人很顺利地攻下了意大利中东部的很多地区；一年后，法兰克人兵分两路，一路进攻米兰，另一路逼近维罗纳。奥塔里此时孤立无援，只得躲着不出，到了这会儿，形势对于联军来说那是一片大好，眼看着就要把伦巴德王国从地球上抹去了。就在这会儿，欧洲又闹出一场瘟疫来，导致拉文纳人和法兰克人的部队没能按照计划会师，只好各自撤退。历史上最有可能彻底打败伦巴德人的行动，就这样遗憾地结束了。

之后就发生了一些特别巧的事。592年，阿瓦尔人联合拉文纳人起兵，把伦巴德人堵在了意大利中部地区，也是在形势一片大好的情况下，突然间一场大雨下了五天五夜，把道路给堵死了，打败伦巴德人的计划又失败了。十几年之后，高卢人从意大利西边打进来了，刚刚把皮埃蒙特打下来，正要往东边走的时候，赶上了阿尔卑斯山发生雪崩。这事让高卢人损失了一半的部队，直接结果就是攻打伦巴德这事又黄了。后来西班牙人也打过来了，没过多久，又闹上瘟疫了，这事又告吹了。

总之，在 6 世纪末到 7 世纪末将近 100 年的时间里，很多国家和伦巴德王国打过仗，而且伦巴德王国是败多胜少，但是，每次眼看着就要亡国灭种的时候，都是老天帮了伦巴德王国的忙。这场拉锯战打了将近 100 年，不是因为伦巴德人多抗打，而是因为他们确实挺走运的。而且，通过这将近 100 年的拉锯战，各国人民心里面对伦巴德人都有一层阴影，那就是每次兵临城下，眼看着事就要成了，结果都被大雨、雪崩、

瘟疫这些突发事件闹了个“功败垂成”，最终白跑一趟，看来伦巴德王国是受到上帝特殊照顾的。

最终，770 年，法兰克人又打过来了，这时候的伦巴德王国已经名存实亡了，法兰克人联络意大利南方的各个部落，用了不到 3 年的时间，把伦巴德人直接堵在了现如今的伦巴第地区。伦巴德人一看，估计这回得困兽犹斗了。他们先在这片区域内挖了很多河道，从南部的波河引水，希望通过这些河流阻挡联军的进攻。但是，这些河流也没派上什么用场，倒不是说联军的士兵都会游泳，而是最后这一仗压根儿就没打起来。

就当时的局面而言，说实话，联军打进去灭了伦巴德人就是分分钟的事，但是在这会儿，谁也不敢往里打，万一这一打再像前几次似的，来个什么天灾人祸，自己受得了吗？这就是之前的心理阴影在作祟呢。最后联军一看，想着干脆咱也甭惦记着灭他们了，就让他们老老实实地待在那里面别出来了。

从那以后，伦巴德人就被结结实实地堵在了现在的伦巴第地区，想出去也不行。也是从那个时候开始，伦巴德人对于意大利的统治算是彻底结束了，后来他们就演变成了意大利的一个很重要的民族，而不再是统治阶级。

此处有一个细节需要注意。当年联军把伦巴德人堵在这一地区时，联军想要打进去灭了他们就是分分钟的事，为什么说很容易呢？因为伦巴第地区以平原为主，这样的地形在战争时期是非常有利于部队的开进的。那么我们便得出结论：伦巴第产区以平原为主，那么摘葡萄时就可以用机器，这样就可以在一定程度上降低人工成本。那么大的平原，能种不少葡萄呢，所以当地葡萄的特点是产量高，价格也不贵。

伦巴德人在准备困兽犹斗的时候，在区域内挖了很多条河道，打仗的时候没用到，倒是造福了子孙后代。因为伦巴第内部河流比较多，所以当地的土壤在很大程度上得到了滋养。因为平原地区本身是以沙石和泥土为主，所以河流多的平原地区就会产生大量黏土和淤泥，两者的特点就是蓄热性比较差，但持水性是很强的。那泥巴捏一把都是潮湿的，没听说过哪儿的泥巴烫手。

靠近河边的地区通常不会太热，再加上这里也属于阿尔卑斯山的余脉，也是大陆性气候，所以当地的气候就是寒冷、潮湿，昼夜温差大，这就又能得出一个结论——伦巴第的葡萄酒味道偏酸。

伦巴第内部比较有名的子产区有 3 个，分别是瓦尔泰利纳（Valtellina）、奥特波-帕维斯（Oltrepo Pavese）、弗朗齐亚柯达（Franciacorta）。先来说说这个瓦尔泰利纳子产区，这是整个伦巴第产区最靠北的子产区，气候非常冷。伦巴第虽然以平原地形为主，但是产区内少有的山坡基本上都集中在瓦尔泰利纳子产区，这里的葡萄园旁边的一些悬崖峭壁看起来都有点儿让人害怕。瓦尔泰利纳子产区距离阿尔卑斯山最近，而且这里可是DOCG等级，葡萄品种以内比奥罗和巴贝拉为主。

有人说瓦尔泰利纳子产区是内比奥罗葡萄的“第二故乡”，不过也有人说，这里的内比奥罗葡萄无法和皮埃蒙特产

区的同日而语。客观地说，受不同的地质、气候及酿酒传统等因素的影响，最终呈现的葡萄酒风格不可能相同，甚至会相差甚远。瓦尔泰利纳子产区最好的一款葡萄酒叫超级瓦尔泰利纳，赶上好的年份，这款酒的价格那可是直逼巴罗洛葡萄酒。

位于南部的奥特波-帕维斯子产区是伦巴第产区葡萄酒产量最高的，占伦巴第产区葡萄酒总量的50%以上，更是生产了伦巴第产区2/3以上的DOC级葡萄酒。由此可见，它在伦巴第产区内的重要地位。

这里的葡萄园大都位于亚平宁山脉和波河之间，波河为其带来了适合葡萄生长的小气候。此外，该子产区土壤以石灰岩和黏土为主，持水性良好，极利于葡萄的生长。

近些年，受到意大利葡萄酒革新潮流的影响，该子产区也不乏创新之作，意大利苏打白葡萄酒就是其中的代表。这些创新之作都是采用非本土葡萄酿制而成的，其中，赤霞珠和黑皮诺是红葡萄酒中的主流品种。值得一提的是，奥特波-帕维斯子产区可以说是意大利的“黑皮诺之都”，尽管在该地的气候条件下，黑皮诺通常会过分成熟，却十分适合用来酿制起泡酒，而在成熟前采摘的黑皮诺，通常酸度和糖分平衡得很完美。此外，这些葡萄酒通常是在法国的小橡木桶中进行陈年的。

值得一提的是，该子产区的奥特波-帕维斯经典起泡酒于2007年成为DOCG级葡萄酒，是伦巴第产区两大DOCG起泡酒之一。

最后一个子产区，也是最有名的，即位于伦巴第中部地

区的弗朗齐亚柯达子产区。关于这个子产区名字的由来，目前主要有两种说法，一种说法是这个名字来自“Franca-Corte”（免税区）。据说在11世纪至13世纪时，该地区的修道院和修道士都不用向当时的统治阶级纳税，故得此名。另一种说法是这里是由查理大帝命名的。据说，当年查理大帝率军攻打伦巴德王国时，他曾向将士们承诺一定会回巴黎过斋月，但由于战事迟迟未结束，故而只能在此地过斋月，查理大帝遂把此地命名为“Franciacorta”。“corta”在意大利语中有短小之意，意为“Little France”（小法兰西）。

弗朗齐亚柯达子产区内的地形主要为平原，是黏土和褐砂质土壤。弗朗齐亚柯达子产区内的葡萄园面积为2 200公顷，允许使用的葡萄为霞多丽、黑皮诺和白皮诺，而且当地规定，本地的起泡酒必须用传统香槟酿制法酿造。

弗朗齐亚柯达非年份起泡酒要在葡萄采收25个月之后上市，其中有18个月是需要在瓶中带酒泥陈年的；弗朗齐亚柯达年份起泡酒则要在葡萄采收37个月之后上市，其中有30个月是需要在瓶中带酒泥陈年的。

这个“带酒泥陈年”的概念，就是指葡萄酒发酵完毕之后，不要着急过滤死酵母，而是让死酵母在葡萄酒里面再待一段时间，这样能够给葡萄酒增加一些烤面包的风味。

弗朗齐亚柯达成为意大利唯一一个可以不将产区名称贴在酒瓶上的葡萄酒品牌，这表示它本身已经成为品牌。

小结

一、 伦巴第概述

1. 根据居住在此地的伦巴德人得名。
2. 靠近阿尔卑斯山，气候寒冷、潮湿，属于大陆性气候，昼夜温差大。
3. 地形以平原为主，穿插很多河流。

二、 伦巴第著名的葡萄品种

1. 巴贝拉，颜色深红，所酿制的酒充满黑樱桃、茴香和干草的气息。
2. 赤霞珠，单宁和酸度较高，成熟较晚。
3. 霞多丽，酸度较高，有少许矿物质风味。

三、 伦巴第葡萄酒代表及特点

1. 超级瓦尔泰利纳葡萄酒

   特点：酸度较高，以内比奥罗和巴贝拉葡萄酿制为主，具有一定的陈年潜力。

   饮用建议：开瓶即饮，适合搭配适量红色肉类食物。

2. 意大利苏打白葡萄酒

特点：是意大利经典起泡酒的创新之作，味道清香，酸度较高。

饮用建议：冰镇后饮用，可以配合适量小食或者甜品。

识别标识：酒标上有明显的“Spumante”字样。

3. 弗朗齐亚柯达起泡酒

特点：意大利名牌起泡酒之一，酸度较高。

饮用建议：开瓶即饮，可冰镇，也可常温饮用。

Veneto 威尼托的阿玛罗尼

这一节来讲讲意大利北部另外一个非常著名的产区，就是阿玛罗尼葡萄酒的故乡——威尼托产区。现在，只要一提起意大利葡萄酒，大家想到的基本就是“TVP”，指的是托斯卡纳（Toscana）、威尼托（Veneto）、皮埃蒙特（Piemonte）。这三个地方的葡萄酒现在看来是不分伯仲，但是回顾各自的发展历程，那可真是鹰击长空、鱼翔浅底，各有各的道儿。

托斯卡纳的兴起依托于意大利文艺复兴时期美第奇家族的资助，皮埃蒙特的兴起依托于热那亚共和国的溃败，导致当地很多优秀的酿酒师都跑那儿去了。而说起威尼托的兴起，有个地方不得不提，那就是意大利著名的“水城”威尼斯。整个威尼托其实就是一个放大版的威尼斯。你看“威尼托”这个名字，其中“威尼”两个字指的就是威尼斯，

Veneto

威尼托

而那个“托”字，其实可以理解为拓展、开拓。

既然话都这么说了，我们也就不难看出，其实整个威尼托地区的发展都是依托于威尼斯一点一点建立起来的，其中自然包括当地的葡萄酒。

在罗马统治时期，意大利生活着一个种族叫威尼提人，他们在罗马的社会地位非常高，这个种族中包含了罗马人、高卢人、哥特人、拉文纳人等，以高卢人和哥特人居多。高卢人和哥特人讲究优胜劣汰，说白了就是每隔一段时间，几个部落之间就要打一架，败了的卷铺盖卷儿走人。这些卷铺盖走的人没地方去，就一路向南到了意大利，慢慢形成了威尼提种族。

后来，西罗马帝国灭亡了，当时打进城内的军队中除了日耳曼人，也有不少高卢人和哥特人，人家打进来一看，发现这地方

原来还藏着咱们的好多后裔呢，这些人怎么办呢？于是乎，他们就给这些威尼提人找了一个在当时看来超级不好的地方，就是位于意大利东北部的一个水洼地带，那地方几乎不是人住的。

为什么把他们给关在那儿了？因为这些人虽然是高卢人和哥特人的后裔，但是毕竟过去这么多年了，他们早就被罗马人同化了，高卢人和哥特人肯定不能把他们带回家去认祖归宗。但说到底这些都是同一个种族里面出来的人，不能杀，想来想去，高卢人和哥特人就把他们给轰到那儿去了。

别忘了这帮威尼提人那可是罗马帝国的香饽饽，而罗马帝国的文明是多么发达，建筑、治水、修路的能力那都绝非一般，把威尼提人放在水洼这儿，人家就不能自力更生吗？

威尼提人先是用木桩和沙石重新整修了当地的荒滩，然后发挥了独有的工程智慧，建造了储存雨水的井，这样又解决了淡水的供应问题。威尼提人之后利用地势，在内部开拓了无数条大小运河，这样就让淤积于荒滩各处的死水流动起来了，从而根除了因死水引发的瘴气和瘟疫这些危害自身生存的隐患。就这样，他们把这么一块儿不是人住的地方生生地给收拾出来了。这块地方，后来就以威尼提人的名字来命名，称为威尼斯。

但是光解决这些问题还不够，因为人总是要吃饭的。当时威尼斯这边除了鱼和盐，什么都没有，大家总不能天天吃水煮鱼吧？为了换取更多的食物，威尼提人开始和外面做起生意来了。威尼斯这个地方孤悬海外，来往交通只能靠船，这么一来二去的，威尼斯这里的船运能力要比其他的地方强不少。

但是，想做买卖的话，光船运能力好不行，还得自己有资本。可是，威尼斯当时要钱没钱，要东西的话，除了鱼就是盐，靠这个做买卖，肯定也做不大。后来，威尼斯又琢磨了一招，不能光卖东西，干脆自己做物流吧。

当时世界贸易的一大部分是东罗马帝国和西欧地区之间的往来，也就是说以威尼斯为界，做生意的主要就是这里的左边和右边。当时不管哪边，船运能力都不行，长途运送货物那都是件令人头疼的事，威尼斯当时就帮两边解决了这个难题。比如说，老张住在我西边，老李住在我东边，你们俩同时把船开到我这儿来，来了之后，我盯着，老张卸货，老李收货；老李交钱，老张收钱，然后掉头走人。这事干多了，从此之后，谁敢得罪威尼斯？得罪了它，以后你的货来了，人家可以不让你上岸。

从此以后，威尼斯登上了更大的历史舞台。因为威尼斯是靠贸易立国，所以和贸易各方建立起了非常好的关系，谁都不得罪，同时不受任何人控制。这种平衡术不是谁都能玩得转的，而威尼斯一玩就玩了近千年。

当时各方势力都把威尼斯这地方当成了贸易中转站，那每次来的时候，势必也得向人家表示表示。一开始，威尼斯肯定是收点儿什么手续费、服务费、中介费之类的，后来人家这儿也不差钱了，各方给钱的同时把各自的那些特产给人家分享一下，比如法国香水、西班牙火腿、德国香肠等，自然也就少

不了葡萄酒。

威尼斯人在这段时间接触到了葡萄酒，他们一开始就是自己喝着玩的，慢慢随着葡萄酒贸易的开展，他们也开始深入了解这东西。后来威尼斯人听说葡萄树原来要在贫瘠的土地上才能生长，这一下又动心思了，说咱这地方，别的没有，贫瘠的土地那可是管够儿。

但是，想种葡萄树的话，威尼斯城里肯定不行，这地方全是水，那只能往城外发展了。当时威尼斯城外是大片的无人区，正适合种植葡萄树，这就是威尼托产区的雏形。刚刚种植葡萄树的时候，这地方就跟那皮埃蒙特一样，也是玩得不咋样，就是自己人喝喝，没敢往外卖，这是威尼托产区葡萄酒的第一次发展。到了 1081 年，出事了，日耳曼人打过来了。他们当时迅速占领了意大利半岛南部，这还不算完，这帮家伙还惦记着东罗马帝国。当时的威尼斯和东罗马帝国那可是唇齿相依、唇亡齿寒的关系，所以威尼斯人肯定得在这儿和日耳曼人干一仗。日耳曼人的优势在于陆军，而当时要是和威尼斯人打仗，陆军那是用不上的，或者说根本就不敢用。

当时的威尼斯是什么样子的呢？各个国家的官员、商人、货物都在这儿，谁要是敢贸然打进威尼斯，那绝对是在“摸老虎屁股”。所以，当时双方的战场只能选在海上。这样一来，正中威尼斯人的下怀，仗很容易就打赢了，这就直接消除了东罗马帝国西部的威胁，同时保全了自己。战后，东罗马帝国给予威尼斯商人在境内和本国商人享受同样待遇的特权，不仅自由通商，而且关税全免，同时威尼斯人在君士坦丁堡有自己的居住区、领事馆，甚至还有自己的卸货码头。

这些特权为威尼斯日后在同对手的贸易竞争中处于优势地位起到了决定性的作用，也奠定了威尼斯商贸繁荣的基础。

后来，威尼斯人的生意是越做越大，领土也是越来越大，慢慢就开始自己找事了。人大部分时候只能共患难，不能共安乐。威尼斯的实力越来越强，东罗马帝国看在眼里那可是有点儿不爽，一方面是威尼斯的过于强大对于它来说不是件好事，另一方面是本国商人竞争不过在境内享同样待遇的威尼斯商人，最终损害了东罗马帝国的国家利益。

后来在君士坦丁堡发生了针对威尼斯商人的骚乱，威尼斯商人一度不得不放弃在君士坦丁堡的市场，转到叙利亚、巴勒斯坦、埃及做生意，第四次十字军东征也在这种背景下发生了。

这次东征，主要是法国和英国的军队联合起来攻打东罗马帝国。当时的威尼斯总督叫恩里科·丹多洛，这老爷子视力不好，听力更是极差，说话也有点儿口吃，但有一个强项，心眼儿多。他当时答应英国人和法国人，给他们提供船只用来运输，但是需要他们支付8.5万马克的费用。8.5万马克在当时相当于法国国王和英国国王两年的收入，是一笔大数目。按照合约，法国人和英国人分4次支付，可是在支付了2.5万马克后，他们就付不起剩余的钱了。因为他们低估了东罗马帝国的战斗力，把钱都用在打仗上面了。

丹多洛老爷子其实早就知道他们支付不起这笔钱，那东罗马帝国是一帮什么人，能说打就打呀？这会儿付不起了吧？那我就得要点儿别的了。

他当时先是要求英、法帮助威尼斯占领中欧地区的大片领土，就在这时候，天上还掉下一块大馅饼来。一位名为小阿列克修斯的东罗马帝国王子要求丹多洛总督帮他夺回王位，并承诺事成之后，原来十字军欠威尼斯的钱，由他来支付。这种好事上哪儿找去？

于是，丹多洛利用这东罗马帝国国内的纠纷，转而进攻

君士坦丁堡，最终在 1204 年 4 月 13 日攻陷君士坦丁堡，这等于威尼斯一下占领了东罗马帝国将近一半的领土。

但是，到这里了，事还没完呢。小阿列克修斯帮助十字军还欠款这事呀，老爷子没和十字军说，等于说十字军欠他的钱，该还还是得还，一分也不能少。所以，老爷子当时又对法国人提出个要求，让他们把葡萄酒弄点儿过来抵债。当时法国的葡萄酒因为金雀花王朝的崛起，已经非常有名了。

老爷子这个条件一提，那可真是造福了威尼斯的后世子孙，因为他要的不光是现成的葡萄酒，还想要法国当时成熟的葡萄种植技术和酿酒技术。这一下子，威尼托的葡萄酒产业来了一个超级大发展。瞧瞧人家这买卖做的，领土拿到了，钱拿到了，葡萄酒也到手了。

这就是威尼托产区葡萄酒的第二次发展，直接把这个产区给弄出名了。在 1204 年的时候，皮埃蒙特那边还在没完没了地玩薄利多销的套路，文艺复兴还没有开始呢，托斯卡纳那块地方还指不定在干什么呢，而此时威尼托的葡萄酒，率先发展起来了。

就威尼托现在的阿玛罗尼葡萄酒，那是借鉴了法国汝拉黄酒的酿造方式，普洛塞克起泡酒最初那也是用传统香槟酿制法给酿出来的，这都是人家老爷子借着十字军欠款的事，玩了点儿心眼儿给整过来的。这两款葡萄酒在法国市面上非常少，因为法国人觉得它们就是汝拉黄酒和香槟的“盗版”，多少有点儿不光彩的因素在其中呢。

后来，到了 1380 年，热那亚人和威尼斯人打了一仗，威尼斯人又打赢了。这一仗，他们抓了很多战俘，其中就包括很多优秀的酿酒师和葡萄农。这些战俘到了当地，就去“劳动改造”了，就是都去种葡萄酿酒了。利古里亚那边原来是撒丁岛的后勤基地，而撒丁岛的葡萄酒有强烈的西班牙风格，也就进一步影响了利古里亚。这些战俘一来，就把利古里亚的葡萄酒带来了不少，这就带动了威尼托产区干白葡萄酒的发展。威尼托西边的那个卢佳娜（Lugana）子产区，就是在那会儿兴起的，这也算得上是威尼托产区葡萄酒产业的第三次发展。

到了 1797 年，拿破仑打过来了，威尼斯当时就不抵抗，直接投降了。因为自 1204 年以来的 500 多年中，威尼斯太有钱了，大家一直过着锦衣玉食的生活，谁都没心思打仗了。

拿破仑兵不血刃地拿下威尼斯，少不了要把威尼托产区的葡萄酒带回去尝尝，因为拿破仑最喜欢勃艮第的香贝丹，所以当地人为了讨好他，也在尝试把当地的葡萄酒往香贝丹的方向靠拢，这就是威尼托产区葡萄酒产业的第四次发展。

机遇有了，当地的葡萄酒就一定能发展起来吗？不一定，说到底，最重要的还得是这地方的风土好。利古里亚全都是沙石，而且北边有阿尔卑斯山挡着呢，再看看威尼托的卢佳娜子产区也是，那里距离威尼斯很远，也是沙石比较多，而且北边也是阿尔卑斯山，所以说利古里亚能种的葡萄，在卢佳娜这儿种植起来问题也不大。

当地人为了讨好拿破仑想走香贝丹路线，那也得本地的条件跟勃艮第的夜丘差不多才行。夜丘靠近法国中央高原，位于山脊地带，而威尼托西北地区属于阿尔卑斯山的余脉，也算是山脊；夜丘那边是石灰石，威尼托这块儿呢，更别说了，最不缺的就是石灰石、火山岩，境内到处是山。夜丘属于大陆性气候，夏季炎热，冬季干燥；威尼托这片虽然是地中海型气候，但是最大的特点就是热，而且南欧地区受到米斯特拉风的影响，这么一吹，气候也会变得比较干燥。两者唯一的不同是，阿尔卑斯山是雪山，而法国的中央高原那是火山。该产区有 1/2 的面积为平原，土壤表层遍布淤沙，含有黏土和钙质岩屑，主要种植卡尔卡耐卡（Garganega）、特雷比奥罗和科维纳（Corvina）等葡萄品种。

威尼托的北部距离阿尔卑斯山很近，阿尔卑斯山的特点是冷，大冷风一吹，直接就能影响这里，所以说这个地方的气候是比较凉爽的。威尼托北部的土壤和意大利中部的差不多，在历史上也受到了火山喷发的影响，积累了大量的石灰岩、火山岩和矿物质土壤，都是典型的高温性土壤。但是，来自阿尔卑斯山的冷空气以及威尼斯的水又能够把当地的温度给降下来不少，这就使得当地的综合温度偏高，但是要比意大利中部地区偏低。土壤温度高，气候温度低，所以威尼托这里的葡萄酒说起来酒精度算是偏高一点点，典型的例子当然就是那款阿玛罗尼葡萄酒。

Veneto 威尼托的普洛塞克起泡酒

威尼托产区的北部，靠近阿尔卑斯山，气候寒冷；东部和南部都紧邻地中海，气候比较热；西部紧邻伦巴第产区，气候比较潮湿。整体来说，威尼托由于受到北部山脉与东部海洋的调节作用，气候温和而稳定，非常适合葡萄的成长。

Veneto
威尼托

威尼托产区西部靠近内陆地区，并且距离阿尔卑斯山很近的地方曾经是一个火山喷发得非常频繁的地方，喷出的都是山体内部的那些岩浆和地表水、地下水。

火山喷发时，那些岩浆顺着山口流下来，经年累月之后，会给附近地区带来很多石灰岩、火山岩这类物质。地下水，说白了就是矿泉水，这东西从火山口里喷出来，就会给当地的土壤带来很多矿物质。所以，威尼托西部地区的土壤是以火山岩、石灰岩，以及矿物质土壤为主的。但是，威尼托西部地区的北边，相对来说更靠近阿尔卑斯山，远离了意大利的火山地带，这里的土壤受火山喷发的影响相对较小，受到阿尔卑斯山寒冷气候的影响比较大。

威尼托东部地区的温和地带之中最著名的子产区，名字有点儿长，叫科内利亚诺–瓦多比亚德内（Conegliano Valdobbiadene）子产区。这地方的代表作就是意大利的八大王牌之一、排名第二的起泡酒——普洛塞克。

这个普洛塞克起泡酒就是从威尼托产区的第二次发展中开始酿造的，注意这时候的时间点是 1204 年，而法国的第一款起泡酒是 1531 年在朗格多克被发明出来的，第二款起泡酒是 100 多年以后在香槟省被发明出来的。这是为什么呢？是这样的，1204 年的时候，丹多洛要求法国向威尼斯大量地输出葡萄酒，当时香槟省有那么一个人，算是公务人员吧，名字叫普洛斯。他是个法意混血儿，父亲是法国人，母亲是意大利人，从小在法国长大，但是他出生后不久，父亲就生病去世了，普洛斯是被母亲一手拉扯大的。普洛斯从小就老是听母亲讲，意大利怎么怎么好，日子久了，普洛斯觉得自己就是一个生长在法国的意大利人。后来有了给威尼斯运酒这个事，他就自告奋勇，带着当时香槟省的干红、干白这些葡萄酒直接去了。注意，送去的是干红、干白这些葡萄酒，当时的香槟省可还没有起泡酒呢。

普洛斯带着很多葡萄酒到了威尼斯这边，当时他就想在这里开辟一块地种点儿葡萄，然后酿制一些和香槟省一模一样的葡萄酒。这个想法一提，没想到丹多洛还真同意了，就把现在的科内利亚诺–瓦多比亚德内子产区划给他了。没用两年，普洛斯还真在这地方鼓捣出来一款葡萄酒，这款酒就以他的名字命名，叫作普洛塞克。“普洛塞”这三个字就是普洛斯这个名字的意大利语叫法。

Prosecco（普洛塞克）=Prose（普洛斯）+Secco（这就是）

这个普洛塞克一开始其实是一款干红葡萄酒，后来由于普

洛斯的带动，香槟省不管啥好东西都往这边带，慢慢地，这个科内利亚诺–瓦多比亚德内子产区和香槟省之间就搞得关系有点儿不一般。搁现在讲，人家那算是长期的、友好的战略合作伙伴关系。

威尼斯这边负责打通香槟贸易的海上通道，而香槟省那边几乎把自己的好技术倾囊相授。后来，16~17 世纪的时候，香槟省开始自己生产起泡酒时，也把那些酿制方法往这地方送，就这样，普洛塞克这款酒开始由干型葡萄酒转变为起泡型葡萄酒。当时的普洛塞克起泡酒就是使用传统香槟酿制法酿制的，就连当时使用的葡萄都和酿造香槟的葡萄一模一样。即使是现在，在普洛塞克起泡酒的配比葡萄里面，霞多丽还是占了一部分比重。在那个时候，这款起泡酒在南欧地区那可真是盛极一时。

但是，在 17~18 世纪的时候，香槟省的人强调，只有自己那里产的起泡酒才能叫香槟。因为当时香槟太火爆了，以至于其他产区酿造的起泡酒都叫“香槟”这个名字，等于就是借着香槟的旗号给自己的产区打品牌广告。这个借着香槟的旗号给自己打品牌广告的事，最初就是由普洛塞克起泡酒挑起的。

威尼斯人觉得，自己的起泡酒和香槟一模一样，那当然也

可以叫香槟，结果起了这个头儿之后，娄子是越捅越大，最后把人家香槟省给惹怒了。从此以后，双方的蜜月期算是结束了，并且各自走上了不同的发展轨迹。香槟仍然按照自己的那个套路出牌，而且走的路线是高端消费人群；普洛塞克为了避免和香槟竞争，开始走大众化路线，在申请了专利之后，开始在意大利国内各处酿造。在酿造方式上，普洛塞克先是放弃了传统香槟酿制法，因为成本太高，转而使用查尔曼法进行二次自然发酵。

这个查尔曼法就是在发酵罐内进行二次发酵，这样做能得到出色的起泡酒。而且，这种方法比传统香槟酿制法更经济、快捷，不需要葡萄酒长时间地瓶内陈年，喝的就是那股新鲜劲儿，所以更加突出了葡萄的自然水果风味。那么，这就得出一个结论：普洛塞克起泡酒并不适合陈年，得趁着年轻赶快喝。

后来，普洛塞克起泡酒将酿酒葡萄由原来单纯地依靠霞多丽，演变为加入很多其他国际化葡萄品种，比如白皮诺、灰皮诺。到了 18 世纪末期，当地培育出了一种葡萄，叫作歌蕾拉（Glera），特点是味道青涩、产量大、好养活、种植成本低。这对于以量取胜并且要趁年轻饮用的普洛塞克起泡酒来说，那绝对是最佳选择。从那以后，这个歌蕾拉就成了普洛塞克起泡酒主要的酿酒葡萄，以至于后来人们都以为普洛塞克就是歌蕾拉这个葡萄品种的名字，其实不是的。现在，普洛塞克起泡酒里面的这个歌蕾拉葡萄的使用比例不能低于85%。

之后，普洛塞克起泡酒在意大利国内是越来越多，导致其品质良莠不齐，因此意大利国内又把普洛塞克起泡酒按照起泡程度分成了全起泡型和半起泡型。全起泡型普洛塞克要求经过完整的二次发酵，是较昂贵的变种；半起泡型普洛塞克在发酵之后会加入一些白皮诺或灰皮诺的干型葡萄酒，从而酿出不同的甜度。

在意大利葡萄酒的DOCG等级制度诞生之后，普洛塞克起泡酒只有两个DOCG级别的产区，分别是科内利亚诺和瓦多比亚德内，至于其他地方产的普洛塞克起泡酒，则被定为DOC级别。

普洛塞克起泡酒的事说完了，我们再来说说威尼托西南部。位于威尼托和伦巴第交界处的一个小的子产区叫卢佳娜，这个地方非常小。值得一提的是，这个卢佳娜并不是一个村庄，而是一片区域。这里种植葡萄的土壤和利古里亚那边差不多，以矿物质土壤、沙石和黏土为主。这个子产区目前只生产白葡萄酒，酿酒的葡萄品种主要为当地特有的特比安娜（Turbiana）葡萄，它十分独特，据说与马尔凯产区的维蒂奇诺葡萄存在某种关系。

在卢佳娜子产区以北有个地方和这里遥相呼应，叫巴多利诺（Bardolino）子产区，位于加尔达湖东北部的平原地带。卢佳娜子产区专注于酿造白葡萄酒，而巴多利诺子产区更倾向于酿造红葡萄酒，这里的红葡萄酒主要使用科维纳、罗蒂内拉（Rondinella）和莫利纳拉（Molinara）几种葡萄混酿而成，但是现在使用的莫利纳拉葡萄的比例在渐渐减少。

瓦坡里切拉（Valpolicella）子产区也是采用这种混酿方式，但巴多利诺子产区的葡萄酒口感相对简单，不像阿玛罗尼葡萄酒那样让人感觉很复杂，回味无穷似的。科维纳是巴多利诺葡萄酒的“骨架”，给葡萄酒带来酸樱桃的风味；而罗蒂内拉则给巴多利诺葡萄酒增添了复杂的浆果风味和草本口味。这两者混合酿造出的巴多利诺葡萄酒酒体轻盈，口感是酸中带甜，喝起来让人感觉很舒适。总之，巴多利诺这地方的干红葡萄酒，算不上精品，但是平时自己喝一喝的话，还算是个不错的选择。

巴多利诺的事情说完了，现在再来说说另外一件事。意大利有那么一个大火的故事，大家都知道吧？罗密欧与朱丽叶，这小两口是维罗纳人，两人一直是甜甜蜜蜜的，但是双方家里面因为祖上的一点儿事就是死活不同意两人在一起，最后两口子自杀了。后人为了纪念小两口这段浪漫的爱情故事，就把他俩自杀殉情的地方起名为“甜蜜之乡”，而“甜蜜之乡”在意大利语中就叫作苏瓦韦，就是咱们接下来要讲的苏瓦韦子产区。

这个苏瓦韦是个不错的白葡萄酒产地。之前讲拉齐奥产区的时候我说过，意大利白葡萄酒中的“三剑客”分别是拉齐奥的弗拉斯卡蒂葡萄酒、威尼托的苏瓦韦葡萄酒和翁布里亚的奥维多葡萄酒。

威尼托有 11 个 DOC 子产区和 14 个 DOCG 子产区，而苏瓦韦只是其中的一个 DOC 小产区。这地方受阿尔卑斯山的影响，气候寒冷、潮湿，葡萄生长期间的平均温度为 19℃。

苏瓦韦可是紧挨着瓦坡里切拉子产区，人家那地方有阿玛罗尼、里帕索这些好东西，苏瓦韦想和人家比干红葡萄酒的话，那是肯定比不过的，所以最近一个多世纪以来，苏瓦韦当地都主要种植白葡萄，特别是卡尔卡耐卡。

苏瓦韦白葡萄酒主要由卡尔卡耐卡葡萄酿制而成，比例至少要达到 70%，其他葡萄品种如霞多丽和苏瓦韦特雷比奥罗（Trebbiano di Soave）的总体含量则不得超过 30%，这种白葡萄酒以瓜果风味、柑橘皮屑香气和陈年潜力而闻名。

苏瓦韦子产区的葡萄酒，虽然算不上顶级，但是胜在种类多，干型、甜型、起泡型，应有尽有，大致可以分为以下五大类。

第一类是苏瓦韦葡萄酒（Soave Wine），即苏瓦韦子产区生产的普通静态葡萄酒，也就是苏瓦韦干白静态葡萄酒。

第二类是苏瓦韦起泡酒（Soave Spumante），经过长时间的酒泥陈年，一般呈干型。

第三类是经典苏瓦韦葡萄酒（Soave Classico）。现如今，苏瓦韦子产区的面积已是之前的 3 倍，所以最早的老苏瓦韦的那点地方生产的葡萄酒就叫作经典苏瓦韦。带上“经典”两个字，表示这款酒来自非常古老的地区，并且根据法律规定，它们必须在橡木桶中经过 2~3 年的陈年。

第四类是山区葡萄酒（Soave Colli Scaligeri），指产自老苏瓦韦之外的，但是来自山区的葡萄酒。

最后一类是雷乔托甜酒（Recioto di Soave），是以风干葡萄酿成的甜葡萄酒，风味独特，是意大利的DOCG级葡萄酒。这种葡萄酒比较少见，酒精度一般为 14 度，口感甜蜜，是苏玳贵腐酒（Sauternes）的绝妙替代品。

最后，就得来说说威尼托产区的一个金字招牌——瓦坡里切拉子产区。一说起这地方，人们的第一反应，肯定会想到阿玛罗尼葡萄酒，为什么这东西最近几年就那么招人喜欢？

最早的时候，在法国汝拉产区，当地一个叫古拉比尔纳的贵族非常喜欢喝白葡萄酒，但是有一年他应征入伍，当兵去了，这一走就是6年。回来后，他储存的白葡萄酒都被氧化了，他本来让随从把这些被氧化的白葡萄酒扔掉，但是他的随从尝了尝这些酒，觉得挺不错的，就偷着把这些酒藏到一个山洞里面，然后就离开贵族，自己卖这些酒，最后发财了。

这些被氧化的白葡萄酒其实就是汝拉黄酒的原型。从那以后，汝拉人都知道——窖酿3年的白葡萄酒，如果再多酿上3年，就会变成色、香、味俱佳的黄酒。再后来，当地人又在酿酒葡萄上做文章，把葡萄摘下来之后，别急着拿去发酵，先放外面让风吹，吹到来年2月的时候，葡萄差不多都变成葡萄干了，再拿去酿酒，酿好之后在橡木桶里面陈年6年就能制成黄酒了。

这种做法成熟以后，那基本是在汝拉当地存档备案的，但是这个备案没藏住，还是被泄露出去了。

在17世纪，欧洲三十年战争之后，意大利的撒丁岛归了法国，法国的一任撒丁岛总督叫作维克托·伊曼纽尔。他在位的时候，经常利用职务之便，把法国的那些好东西偷着卖到意大利，用现在的话讲就是犯了“国有资产流失罪”。在他流失的“国有资产”里面，就包括汝拉黄酒的酿造方法。

这位维克托·伊曼纽尔，平时路子挺野的，他当时就和汝拉产区夏隆堡的庄主关系特好。有一年，他的一个侄子，名字叫佩特兰，估计也是毕业之后没地方干活，就拜托自己的这位叔叔给找份工作，维克托·伊曼纽尔就将他介绍到这个汝拉的夏隆堡，给这里的酿酒师当助理。

这小子来的头两年，干得还真不错，酒庄上上下下的领导、同事对他的评价都挺高，他也凭借自己的聪明好学，在酒庄内越干越顺手，直到后来成为汝拉产区无人不知、无人不晓的酿酒师，职业前途可谓一片光明。

但就在这时候，出了一档子事，算是把他给毁了。那位维克托·伊曼纽尔，由于倒腾了太多法国的好东西到意大利，被法国的相关部门盯上了，结果是城门失火，殃及池鱼，这小哥也干不下去了。

当时，原本前途无量的佩特兰一下子就失业了，后来他去了一趟撒丁岛找维克托·伊曼纽尔。不知道他是不是兴师问罪去了，反正这次见面，维克托·伊曼纽尔给他指了条路，说：“你呀，别在法国待了，你叔叔我都这样了，你在法国是混不下去的。你还是去意大利吧，找我的家人，到了那儿，你可有活儿干了。”

在维克托·伊曼纽尔被法国政府带走之后，意大利人因为感激他给国家带来的那些法国的好东西，所以拥护他的家人，并且着重培养，最后兜兜转转，他的旁系分支竟然当上了意大利统一之后的首任国王，就是维克托·伊曼纽尔二世。

人家都当上国王了，那佩特兰想干点儿什么多方便呀！不过佩特兰人还真不错，没要房子，没要地，就是想继续干自己的葡萄酒事业。他当时就挑中了瓦坡里切拉这地方，把从汝拉产区学到的东西都给用上了。他为什么选这地方？一是因为当时瓦坡里切拉人少，没人打扰他，二要说说这地方的风土条件。

瓦坡里切拉各级葡萄酒的差异在很大程度上源于各地风土条件的差异。这地方位于一个山坡上，光照充足，而且受到意大利中部火山地震带的影响，这里的土壤也是以石灰岩和火山岩为主，并且排水性良好，这就使当地产的葡萄味道偏甜，葡萄酒酒体通常更加饱满，当然酒精度也就偏高。再加上汝拉黄酒独特的酿造方法，其中最重要的就是自然风干——葡萄摘下来后，不急着拿去酿酒，先风干 4 个月再说。

佩特兰把这种方法原封不动地给搬过来了。在他的带领下，当地很快兴起了大量酒庄，“瓦坡里切拉”这个词在意大利语里面的意思就是酒庄聚集的山坡。

不过，佩特兰在这地方酿的酒虽然一开始用了汝拉黄酒的酿造方法，但可不是马上就把阿玛罗尼葡萄酒给酿出来了。

佩特兰一开始酿出来的酒是雷乔托风干红葡萄酒，这个雷乔托（Recioto）在意大利语中是早的意思，那这酒为什么起这名呢?

就是因为这东西当时太火爆了，根本就是供不应求，为了缩短酿造时间，根本等不到发酵完毕就直接拿出来卖了，导致酒里面留有很多残糖，所以这酒是甜的。到后来有那么一次，据说此酒发酵之后忘了收了，酒被完全发酵之后喝起来感觉有点儿苦，这就是后来的阿玛罗尼葡萄酒。阿玛罗尼在意大利语中的意思就是苦涩，当然，这东西苦是苦，但是味道确实不错。

阿玛罗尼的灵魂葡萄品种通常是科维纳，这是威尼托产区的原生品种，果味和单宁都比较充足，缺点是酸度有所不足，但可以通过提前采收弥补，因为没熟的东西总是有点儿酸吧。

科维纳、莫利纳拉与罗蒂内拉这 3 种原生葡萄是阿玛罗尼葡萄酒的经典搭配，另外在阿玛罗尼葡萄酒中可能也会混入一些其他本地品种。酒农们会在 9 月底和 10 月初开始采摘葡萄，摘下的果实会放置风干 3~4 个月。一直等到第二年的 1 月底至 2 月初，那时葡萄水分蒸发，浓缩成了干果。随后，将由这些葡萄干酿出来的葡萄酒进行发酵。由于葡萄干里面的糖分比例高，因此发酵非常缓慢，一般把酒液置于橡木桶中，进行长时间的发酵，普通的为 2~3 年，多则达 5 年以上。

根据葡萄酒的风格来看，瓦坡里切拉的葡萄酒可分为 5 级：初级是瓦坡里切拉新酒（Valpolicella Nouveau），其在葡萄收获后数周就装瓶，风格类似于博若莱新酒；第二级是经典瓦坡里切拉葡萄酒（Valpolicella Classico），是人们的日常餐酒；第三级是超级瓦坡里切拉葡萄酒（Valpolicella Superiore），要求酒精度在12度以上，并至少需陈年1年以上才可发售；第四级是瓦坡里切拉里帕索葡萄酒（Valpolicella Ripasso），采用酿造阿玛罗尼或雷乔托的酒渣进行二次发酵而成；最后一级是阿玛罗尼葡萄酒和瓦坡里切拉雷乔托葡萄酒（Recioto della Valpolicella），这两款顶级佳酿都采用风干的葡萄酿制而成。

小结

一、　威尼托概述

1. 历史发展非常坎坷。
2. 由于受到北部山脉与东部海洋的调节，气候温和而稳定。
3. 土壤中积累了大量的石灰岩、火山岩和矿物质，表层遍布淤沙，含有黏土和钙质岩屑。
4. 平原地形和山地地形各半。
5. 葡萄酒的酒精度要偏高一点儿。

二、　威尼托著名的葡萄品种

1. 科维纳，果皮较厚且颜色深，发芽较晚，属于晚熟品种，生命力顽强，有着良好的抗寒能力，易受日灼，不适合在干旱条件下种植。
2. 莫利纳拉，产量较高且容易氧化，在大多数情况下用于和其他葡萄品种进行混酿。
3. 罗蒂内拉，产量非常高，成熟期偏晚，对大多数真菌疾病都有很好的抵抗性。
4. 歌蕾拉，产量较高，味道偏酸，清新香甜。

三、 威尼托葡萄酒代表及特点

1. 普洛塞克起泡葡萄酒

特点：酒体轻盈，芳香四溢，适合年轻时饮用，不适合陈年。

饮用建议：控制在8℃~10℃，开瓶即饮。

识别标识：酒标上有明显的“Prosecco”字样。

2. 阿玛罗尼风干红葡萄酒

特点：使用风干葡萄酿制而成，酸度极高，陈年能力极强。

饮用建议：控制在12℃~15℃，醒酒90分钟后饮用。

识别标识：酒标上有明显的“Amarone della Valpolicella”字样。

3. 雷乔托风干红葡萄酒

特点：使用风干葡萄酿制而成，完全使用阿玛罗尼的酿造方式，但在酿造中会人工终止发酵，保留糖分。

饮用建议：控制在12℃~15℃，醒酒40分钟后饮用。

识别标识：酒标上有明显的“Recioto della Valpolicella”字样。

4. 瓦坡里切拉里帕索红葡萄酒

特点：采用酿造阿玛罗尼或雷乔托的酒渣进行二次发酵而成。

饮用建议：控制在 12℃ ~15℃，醒酒 30 分钟后饮用。

识别标识：酒标上有明显的“Valpolicella Ripasso”字样。

意大利葡萄酒分析及总结

目前，在我国的意大利葡萄酒酒商群体中，大多数酒商有一种感觉，即意大利葡萄酒不论好坏，其实在中国市场上就是靠销量，动不动就是几万瓶阿玛罗尼葡萄酒、上千瓶巴罗洛葡萄酒。如果是意大利南部的那些IGT级餐酒的话，销量就更大了。意大利葡萄酒的利润怎么样？恐怕说出来都是一把辛酸泪。为什么意大利的葡萄酒在中国市场一直这么不温不火？

截至2020年，意大利作为世界第一大葡萄酒出口国、中国第四大葡萄酒进口来源国，其葡萄酒在中国市场确实有很高的知名度。目前，在我国的葡萄酒圈里面，偏好意大利葡萄酒的约占30%，仅次于法国葡萄酒，由此可见，意大利葡萄酒在中国市场的消费者教育工作做得非常好。那

么，消费者对意大利葡萄酒的认知度提高了，是否意味着意大利葡萄酒在中国的销售情况也变得如火如荼呢？并不是。

根据最近几年统计的进口数据来看，就意大利葡萄酒在中国市场的整体表现而言，情况不是很乐观。数据显示，在过往的几年里，意大利葡萄酒的增速较整体水平偏慢，仅 2014 年的增速超过整体。

那么，为何受到如此多偏爱的意大利葡萄酒，在中国的销售情况一直比较平淡？最起码是比不过法国的。试想，卖一瓶正牌的拉菲葡萄酒能挣多少利润？而卖一瓶阿玛罗尼葡萄酒又能挣多少？意大利葡萄酒之所以一直不温不火，我认为主要有三个原因。

第一个原因是意大利葡萄酒进口商及经销商的体量普遍较小，且分布得很分散，它们早些年没有足够的资金进行系统的市场推广（当然，也有少数体量很大的意大利葡萄酒商，但只有几家）。

意大利那么大一个葡萄酒出口国难道满足不了中国的葡萄酒进口商吗？而这个问题的真正原因，就是我在下文要说的。

自从进入 21 世纪以来，意大利官方在中国市场举办的葡萄酒推广活动并不少，这也是中国消费者对意大利葡萄酒认知度较高的主要原因之一。但是，意大利官方搞的那些活动，只搞“TVP”，就好像其他地方什么都没有似的。

这个“TVP”指的就是托斯卡纳、威尼托、皮埃蒙特，而这仨地方以外的产区呢？在中国还真就没见过几次。也难怪，毕竟意大利有些产区面积太小，像奥斯塔山谷那地方，葡萄酒产量就那么一点儿，当地人自己喝都不够。所以，第二个原因是品牌形象，尤其是冷门产区的品牌形象不清晰。

第三个原因就是，多数意大利葡萄酒的官方活动都是那种“大而全”的宣传。一场大型的意大利葡萄酒品鉴会搞下来，酒没少喝，但大家基本上啥都没记住。消费者都知道意大利葡萄酒，但未必真正了解其之间存在的差异，总之就是缺乏学习。这就导致了办一场意大利葡萄酒品鉴会的时候，主办方缺乏主题，玩模糊营销，使得消费者不知所云，最后主办方累得够呛，大家还搞不明白他们到底要干什么。

而法国、西班牙等国家的葡萄酒活动多

有鲜明的主题，要么以产区品牌为主题，要么以某类葡萄品种为主题，都在强化消费者对其葡萄酒的细分认知。

但是，问题也是机会。当前，意大利葡萄酒在中国市场上同质化现象那么严重，如果谁能够率先迈出创新的一步，谁就很有可能掌握未来市场的主动权。这个所谓的创新，首先就是打破“TVP”的魔咒，多去找一些在意大利当地性价比很高但在中国还不太知名的葡萄酒。其次，就是要树立自己的品牌形象，别来来去去就是阿玛罗尼、巴罗洛，这东西，你有别人也有，好歹来点儿什么阿布鲁佐的蒙特布查诺、普利亚的普里米蒂沃，再往深层次看看，可以想想是不是弄点儿什么巴西利卡塔的白玛尔维萨、马尔凯的特雷比奥罗之类的冷门产品，要玩就玩点儿和别人不一样的东西。

最后就是一定要加强学习。不论在什么年龄、什么环境下，学习对人来说都是一件有百利而无一害的事情。起码有一天当客户问你：“哥们儿，你给我说说你的这款酒。”这会儿你不至于唯唯诺诺地跟他说：“哦哦，这款酒呀，口感非常好，价格便宜，买二送一。”

你应该利用自己学到的知识，非常自信地告诉他：“我这款酒来自意大利的一个你可能不知道但是非常棒的产区，那里曾经有过一段非常悠久的酿酒历史，并且因为有我的存在，这款酒未来在我国也会有一个非常棒的发展前景。”这才是葡萄酒圈里面的人该做的事情。

附录一：健康饮用葡萄酒

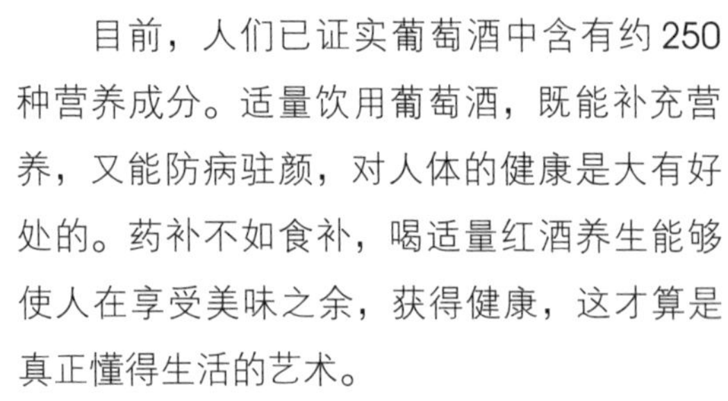

目前，人们已证实葡萄酒中含有约 250 种营养成分。适量饮用葡萄酒，既能补充营养，又能防病驻颜，对人体的健康是大有好处的。药补不如食补，喝适量红酒养生能够使人在享受美味之余，获得健康，这才算是真正懂得生活的艺术。

除非对酒精过敏，否则我认为滴酒不沾并不是百分百健康的生活方式，因为我们的身体有一定的解酒能力，只要不超过一定的量，酒精并不会给身体造成不好的影响。如果过量饮酒，就会产生肝硬化，所谓肝硬化就是人的肝脏停止工作，进而影响到人体正常的新陈代谢。经研究表明，正常人如果连续每天饮用 2 毫升酒精度为 65 度以上的酒精饮品，15 年之后会有极大的概率出现肝硬化的症状。

在《圣经》中，葡萄酒被称为“上帝的

血液”，而西方人大多信奉上帝。由此可见，葡萄酒并不是一种对人体有过巨大伤害的饮品，适量地饮用葡萄酒对于人体来说是一件有益的事情。但是，如何合理、健康地饮酒？经研究表明，通常来说，成年健康男士每天可以承受 4 个酒精单元[①]，成年健康女士每天可以承受 3 个酒精单元，人体每天最多可以承受 6 个酒精单元，再多就会给身体带来副作用。

说到饮用葡萄酒的好处，很多人都能说出类似促进睡眠、软化血管、美容养颜之类的，甚至还有人说喝葡萄酒能减肥。姑且不论这些说法正确与否，我们不妨想想，葡萄酒为什么会

① 酒精单元 = 酒精度 × 容量（升）。例如：一瓶 0.75 升、酒精度为 12 度的葡萄酒，其酒精单元为 12×0.75=9，该瓶葡萄酒含有 9 个酒精单元。

对人体有这些好处？

其实，如果仔细研究过葡萄酒，你就会发现它对于人体的好处不外乎就是“一加一减”。

所谓“加”就是依靠葡萄酒中的白藜芦醇促进血液循环，促进体内的新陈代谢。在当今这个时代，很多人每天大鱼大肉的，吃得太好了，导致体内摄入大量的油腻物质。如果油腻物质摄入过多，它就会压迫血管，导致高血压，而葡萄酒中的白藜芦醇进入人体后可以适当地化解掉部分油腻，从而让血管得到舒缓，加速体内血液循环。当人体的血液循环速度加快后，就会促进体内的新陈代谢，进而起到适当的美容养颜的效果。

而所谓的“减”就是依靠葡萄酒中的褪黑素减缓大脑思考的速度，增加人的困意。不妨设想一下，我们平时什么时候最容易犯困？就是在大脑停止思考的时候。例如：公司正在开一个无聊透顶的会议，领导在上面一顿说，而你在下面坐着没事干，这时候，你的大脑就处于停止思考的状态，人就非常容易犯困。

而褪黑素这种物质进入口腔之后，大约在40分钟之后开始起作用，整个反应的过程还大约需要40分钟，所以，如果你想通过饮用葡萄酒达到促进睡眠的效果，请尽量在睡前40~80分钟内饮用。

√睡前饮酒法则：

1. 不空腹喝，以免刺激肠道；

2. 不在运动之后喝，以免刺激神经系统，使其过度兴奋；

3. 不要猛灌，以免刺激神经系统。

√每日饮酒建议：

1. 成年健康男士小于4个酒精单元，成年健康女士小于3个酒精单元；

2. 每周至少1日不饮酒；

3. 18岁以下，禁止饮酒。

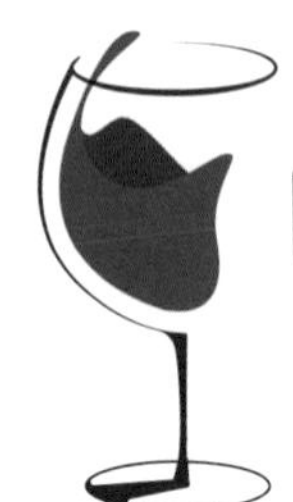

附录二：葡萄酒品鉴

葡萄酒这东西，不论酿酒文化有多博大精深，酿造工艺有多复杂，或者说某个产区多么出名，说到底，它只是一款饮品，那是用来喝的，不是用来在别人面前炫耀的。但

是，喝这东西，也得讲究礼仪和章法，“先用盅后用杯，喝美了对瓶吹”，这不行。

葡萄酒的餐桌文化，说到底就是四个字——删繁就简。什么叫删繁就简？就好比

我们见了长辈要说“叔叔好、阿姨好”，见了领导要叫“张总好、李总好”，这么做是显示对人家的尊重，但是也别做得太过头了。

喝葡萄酒，尤其是作为品酒师喝葡萄酒，也是这个道理，讲究仪式感是没错，但是别过头。所以，在这里咱们就先来探讨一下葡萄酒文化是如何删繁就简的。

自 2011 年自媒体兴起以后，网络上出现了越来越多的热议话题，其中肯定少不了酒桌上面的那点事儿。这方面的舆论大致分为两个方向，其中一个方向就是酒桌上的事儿过于复杂了，喝个酒，在那儿“望闻问切”，也不知道是干吗呢。

而另外一个方向呢，又说酒桌上的事儿过于简单了，在桌上拿瓶好酒恨不得直接对瓶吹，殊不知这么一瓶酒的价格快赶上那一桌饭了，这就叫暴殄天物。

有句话叫作“吃喝无小事”，毕竟这都是关系到我们生活质量的问题，但是呢，这些问题往大了说，其实也没什么大不了的。吃不起烤牛排到大街上去撸串行不？喝不起拉菲来瓶普通的葡萄酒总可以吧？总而言之，吃什么、喝什么，那得我自己说了算。

法国品酒师有一句口头禅，叫作“自己喜欢的酒，才是好酒”，其实这就是删繁就简的核心。

删繁就简，这四个字听着简单，真的想做到的话，首先得自己肚子里面有点儿东西，并且能够使用非常简练的语言把你的这一肚子东西给大家讲出重点来。

要做到肚子里有点儿东西，那确实是一个漫长的过程，毕竟学习不是一朝一夕能够速成的事情。但是，要想通过相对简单的方式向别人介绍葡萄酒的一些浅显易懂的内容，倒不是一件难事。

不少品酒师在社交场合可能都遇到过这种事情：某个朋友一听说你是品酒的，拿一瓶葡萄酒就来问：“你跟我说说这葡萄酒怎么样呀？”要不然就是：“什么样的葡萄酒好喝呀？”这种可以说是连菜鸟级别都够不上的问题，恰恰很多专业的品酒师就是答不上来。这不是因为他们水平不够，恰恰相反，是因为他们太专业了，一张嘴就是波尔多中级庄或罗纳河谷的教皇新堡产区怎么怎么样。

这些品酒师怎么就不想想，对面站的那位朋友可能连罗纳河谷在哪儿都不知道，那给他讲教皇新堡产区，他能听明白吗？最后的结果就是，品酒师辛辛苦苦讲了半天，对面朋友听得一头雾水，下次再拿一款葡萄酒，他该不会喝还是不会喝，这就是他没有学会删繁就简的缘故。葡萄酒这东西，说到底那是一款饮品，不管是自己喝还是向别人讲述，都一定要从喝的角度入手，即怎么喝。

葡萄酒这东西论口感，其实就是酸度、酒体、单宁、酒精度，最后再加上余味。酒精度都在酒标上面写着呢，这里不用说太多，能够对另外四个要素做出清晰的判断，那就可以说是了解了这款葡萄酒。

葡萄酒咽下去之后，根据口腔内产生的唾液量来判断酸度，唾液产生得越多，证明葡萄酒的酸度越高。但是，别光感觉到酸就完事了，要想想在什么条件下酿出的葡萄酒会比较酸——寒冷地区，要么是气候比较冷，要么是土壤比较冷。这就好比越冷的地区，其水果越不容易成熟，而不成熟的水果，味道就会偏酸一样。

至于酒体，就是葡萄酒对于舌头的压迫感。这里有一个针对舌头的压迫感的简单练习，大家可以去分别尝一尝白开水、牛奶、鲜榨橙汁、纯蜂蜜。这四种东西的密度不一样，各自喝一点点，放在舌头上面，不要咽下去，体会它们给舌头造成的压迫感。但是要记住，一定得将东西放到舌头上去感受，千万别咽下去之后再去感受。因为当我们把酒咽下去之后，舌尖会因酒精变得麻麻的，有的人会误以为那就是酒体带来的感觉，其实是错误的，体会酒体时酒一定不能咽下去。

酒体重，首先能说明的一点就是葡萄酒里面的糖分含量高。当然了，酒体这个概念其实还是比较复杂的，但是对于初学者来说，就先好好理解一下酒体和含糖量之间的关系就可以了，掌握了这个，其他的就都好说了。

再来说说这个单宁，这个东西是让人又爱又恨。现在市面上说的那些喝葡萄酒的好处，比如美容养颜、延缓衰老、促进睡眠，还能减肥，大部分和单宁有关。

单宁越重的葡萄酒对身体的好处越大，但是呢，这东西的那股子苦涩的味道也着实让人受不了。就这么说吧，之所以有那么多人不爱喝葡萄酒，那绝大多数是被这个单宁闹的。明明是一款好酒，结果喝的人不懂，打开后也不醒酒直接喝，往嘴里一倒，感觉这东西太苦，想想还是算了吧，就这样错过了多少好酒。

单宁究竟是什么？它的存在对于葡萄酒来说有两重意义，第一重意义是单宁所产生的涩味，这种味道是葡萄酒的“骨

架”，一款葡萄酒中那些形形色色的味道全靠它来支撑。

单宁的第二重意义就是抗氧化，即可以减缓葡萄酒的氧化速度，让葡萄酒在陈年过程中更耐久存，得以在时间的酝酿下培养出佳酿。所以，一般耐久存的葡萄酒，除了酸味或者甜味比较重，必定含有较高含量的单宁。

想要对单宁有一个更清晰的认识，可以去开一瓶葡萄酒，倒上两杯，一杯什么都不放，另外一杯里面加个红茶包，泡10分钟左右，然后把茶包取出来。之后，同时去喝这两杯酒，感受两者之间的差异，尤其是咽下去之后试着磨磨牙。这两杯酒分别喝下去后，上下牙床的摩擦力那绝对不一样。

一般来说，我们会感受到单宁带来的最明显的味道特征就是苦。为什么我建议大家泡个红茶包去喝葡萄酒，因为茶本身也是带苦味的。当然，口腔也会感受到一种干涩、收紧的滋味，这来自单宁的紧涩感，就好像细砂纸在舌头和上颚处刷过，这种涩味常被描述为粗糙的、精细的，或扎口的。

许多单宁充沛的葡萄酒会带有强烈的紧涩感，但苦味绝对不会有泡红茶的葡萄酒那般强烈。所以呀，说来说去，大家泡红茶的目的就是通过两杯酒之间的相互比较，好好体验单宁带来的苦涩味道。

最后一个，也是最简单、最行之有效的辨别葡萄酒好与不好的要素——判断余味。什么叫余味？喝葡萄酒的时候，我们一般不会一口咽下去，而是会让葡萄酒在舌头上“打两个滚”，就是将酒含在嘴里，然后用上牙床咬住下嘴唇往口腔里面吸气，直到吸不动为止。这么做就是为了让葡萄酒在舌头上把香气都给散发出来。

这样做了之后，再把酒咽下去，不要张嘴，仔细体会香气在口腔里面停留的感觉，这个就是余味。一款好葡萄酒的味道其实是比较复杂的，而味道复杂的葡萄酒，其香气在口腔里面的停留时间都会比较长。余味的判断通常可以遵循“358 原则”，香气在口腔中停留 3 秒以下算是比较低端的葡萄酒，停留 3~5 秒算是一般的葡萄酒，停留 5~8 秒算是好酒，停留 8 秒以上算得上是极品了。

很多人都说品酒、品酒，就是要好好地去欣赏这款葡萄酒，感受它在不同时间内的香气变化，以及带给人的那种愉悦感。这话没错，但是有点儿“阳春白雪”了，品酒、品酒，说白了就是好好琢磨琢磨葡萄酒的四要素——酸度、酒体、单宁、余味（酒精度在酒标上有明确标识）。

葡萄酒文化博大精深，想深入地了解，就得有个持续学习、研究的过程，但是葡萄酒知识学习起来并不是那么复杂，先把注意力放到那四个要素上，多用点儿时间和精力去琢磨琢磨它们之间的平衡、搭配，这才是品酒的核心。

红葡萄酒酒液颜色品鉴方法[1]

紫红色	宝石红色	石榴红色	红褐色	棕红色
1年以内	1~3年	3~5年	5~10年	10年以上

白葡萄酒酒液颜色品鉴方法

淡黄色	黄金色	古金色	黄棕色	黄楬色
1年以内	1~3年	3~5年	5~10年	10年以上

① 图中所示酒液颜色为普遍现象，不排除出现极少数特例的可能性。

文中第 11 页、第 14 页、第 18 页、第 29 页、第 38 页、第 96 页、第 105 页、第 119 页、第 140 页、第 182 页、第 183 页、第 193 页、第 200 页、第 202 页、第 217 页、第 249 页、第 258 页、第 280 页的图片来自拍信创意网站。